INGENIEURBAUKUNST 2015

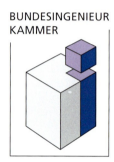

INGENIEURBAUKUNST 2015
MADE IN GERMANY

Herausgegeben von der Bundesingenieurkammer

momentum MAGAZIN

Das Online-Magazin für Bauingenieure
www.momentum-magazin.de

Masterpieces of craftsmanship. Made in Germany.

EDITORIAL

Das Jahrbuch „Ingenieurbaukunst 2015 – Made in Germany" ist das siebente, das die Bundesingenieurkammer seit Auflage der Reihe im Jahr 2001 herausgibt.

Wie seine Vorgänger wendet es sich gleichermaßen an den Fachmann und an den interessierten Laien. Mit leicht verständlichen Texten und einer gefälligen Bildsprache ist es eine zentrale Plattform für die Bauingenieure der Bundesrepublik und wirbt auf spannende Weise für einen der interessantesten und kreativsten Berufe im Bauwesen.

Inhaltlich steht das Buch in der Tradition seiner Vorgänger. Es stellt die neuesten und spannendsten Projekte vor, an denen deutsche Ingenieure im In- und Ausland beteiligt waren. Die Projekte sind wiederum durch einen wissenschaftlichen Beirat ausgewählt worden. In den Essays und den Berichten zu Forschung und Geschichte werden interessante Themen wie etwa der Einsatz von Carbonbeton fundiert aufbereitet. In der Rubrik „Porträt" wird mit dem Beitrag zum 80. Geburtstag von Jörg Schlaich das Werk eines der wichtigsten Bauingenieure der Bundesrepublik gewürdigt.

Dennoch stellt das neue Jahrbuch auch eine Zäsur dar. Die Bundesingenieurkammer hat mit dem Verlag Ernst & Sohn einen neuen und potenten Partner zur Produktion des Jahrbuchs gefunden. Ziel dieser Zusammenarbeit ist es, das Buch künftig jährlich erscheinen zu lassen und mithilfe einer wirksamen Marketingstrategie einem breiteren Leserkreis zugänglich zu machen. Darüber hinaus werden die Texte wesentlich häufiger als bisher von den Ingenieuren verfasst, die die Projekte realisiert haben. Damit wird das Jahrbuch authentischer und kann seine Rolle als wichtige Plattform des Berufsstands noch besser erfüllen.

Im Vorfeld dieser Ausgabe wurde über die mögliche Einstellung des Jahrbuchs „spekuliert" und die Bundesingenieurkammer wurde als Herausgeber von vielen namhaften Berufsvertretern gebeten, das Jahrbuch fortzuführen. Ich hoffe, dass wir mit der neuen Ausgabe die geäußerten Zweifel zerstreuen können und wünsche allen Lesern viel Freude bei der Lektüre.

Hans Ullrich-Kammeyer
Präsident der Bundesingenieurkammer

INHALT

Projekte

8   Charaktervolle Konstruktionen –
    Vier WM-Stadien in Brasilien

26 Nutzungsvielfalt und Nachhaltigkeit –
    Die Baakenhafenbrücke in der HafenCity
    Hamburg

36 Avancierter Ingenieurbau als Träger einer
    Botschaft – Der Porsche-Pavillon in
    der Autostadt in Wolfsburg

44 Einfachheit und Komplexität –
    Louvre Lens

52 Kriegsruine wird regeneratives Kraftwerk –
    Der Energiebunker in Hamburg

60 Ein Luftfahrtterminal für das junge China –
    Shenzhen International Airport Terminal 3

70 Eine Wolke aus Stahl, Folie und Luft –
    Das Bushofdach Aarau

80 Leistungsfähige Verkehrsader unter der Messe-
    stadt – Der City-Tunnel Leipzig

88 Graziles Leichtgewicht –
    Erbasteg, Landesgartenschau Bamberg

96 Eine Brücke im Wandel der Zeiten –
    Eisenbahnhochbrücke Rendsburg

104 Architektonisch begeisternd und wirtschaftlich
    vernünftig – Die Brücke über die IJssel

112 Innovation neben Tradition – Neubau der
    Waschmühltalbrücke Kaiserslautern

120 Flügelartige Bauwerke in Monocoque-Bauweise –
    Die Überdachung des ZOB Schwäbisch Hall

128 Der Bahnhof in den Docks – Die Fassade der
    Canary Wharf Crossrail Station in London

136 Begehbare Holzskulptur –
    Die Spannbandbrücke in Tirschenreuth

144 Tragwerks- und Fassadenplanung aus einer Hand –
    Die King Fahad Nationalbibliothek in Riad

152 Stählerner Fittich – Die Überdachung der Ausfahrt
    vor dem KundenCenter der Autostadt in Wolfsburg

Porträt, Forschung, Essay, Geschichte

160 Jörg Schlaich und die Stuttgarter Schule des
    Konstruktiven Ingenieurbaus

172 Revolution im Bauwesen –
    Carbon Concrete Composite

178 Building Information Modeling oder
    die „Digitalisierung der Wertschöpfungskette Bau"

184 Unsichtbarer Beton –
    Bemerkungen zur 400-jährigen Geschichte eines
    Ingenieurwerkstoffs

194 **Anhang**

CHARAKTERVOLLE KONSTRUKTIONEN – VIER WM-STADIEN IN BRASILIEN

1 Blick ins Corinthians Stadium São Paulo
2 Querschnitt des Corinthians Stadium

Vier sehr unterschiedliche Stadien haben Ingenieure aus Deutschland für die Fußball-WM in Brasilien gebaut, keine Standardlösungen, sondern formal interessante, bautechnisch avancierte und nachhaltige Konstruktionen, die zu charakteristischen, unverwechselbaren und durchweg schönen Bauwerken mit Wiedererkennungswert geführt haben.

Das Corinthians Stadium in São Paulo

Als bei der Fußballweltmeisterschaft die Kameras durchs Stadionrund schwenkten, kam oft auch deutsche Ingenieurarbeit ins Blickfeld, denn in vier der neu gebauten oder umgebauten Arenen waren Tragwerksplaner aus Stuttgart am Werk.

In Brasília und Manaus arbeiteten schlaich bergermann und partner aus Stuttgart mit den Architekten von Gerkan, Marg und Partner zusammen. Beim Maracanã in Rio de Janeiro waren sie für Entwurf und Konstruktion des neuen Daches allein verantwortlich. Für das Corinthians Stadium in São Paulo schließlich, das für das Eröffnungsspiel ausgewählt worden war, haben Werner Sobek Ingenieure aus Stuttgart das Tragwerk geplant.

Der architektonische Entwurf der Architekten Coutinho, Diegues, Cordeiro Arquitetos CDCA für das Stadion in São Paulo gehört unter den zwölf WM-Stadien eher zu den ausgefallenen Kreationen. Mit seiner kantigen Rechteckform folgt er nicht dem gängigen Muster der allseits abgerundeten Stadionschüssel.

So kam auch für das stählerne Stadiondach über den in Massivbau ausgeführten Tribünen keine der üblichen Konstruktionen, etwa ein Kragarmkranz mit innerem Druckring oder ein Seiltragwerk nach dem Speichenradprinzip, infrage. Durch die Funktionsgebäude unter und an den langen Tribünenseiten wird aus dem nord-süd-orientierten Spielfeld ein ost-west-gerichteter Gesamtbau, dessen Hauptspannrichtung der Dachkonstruktion mit einer Spannweite von stolzen 171 Metern ebenfalls quer zum Spielfeld liegt. Ziel war, die schlanke Seitenansicht der Dachaußenkante von durchgängig 3,5 Metern mit geringem Materialeinsatz zu realisieren.

Das Dach bildet ein geschlossenes, fugenloses Tragwerk von 245 × 200 Metern mit einer Öffnung über dem Spielfeld von 150 × 85 Metern. Eine statisch bestimmte Lagerung sorgt dafür, dass die Wärmedehnung keine Zwangskräfte zur Folge hat. Die horizontalen Auflager in Ost-West-Richtung (Längsrichtung) befinden sich im Bereich der Westtribüne. Die Ostseite des Dachs ist im mittleren Feld durch x-Diagonalen nur in Nord-Süd-Richtung (Querrichtung) ausgesteift. Deshalb werden alle Horizontallasten in Längsrichtung über die unterspannte Dachkonstruktion zu den Auflagern nach Westen transferiert. Das Dachtragwerk wirkt dabei als steife Scheibe.

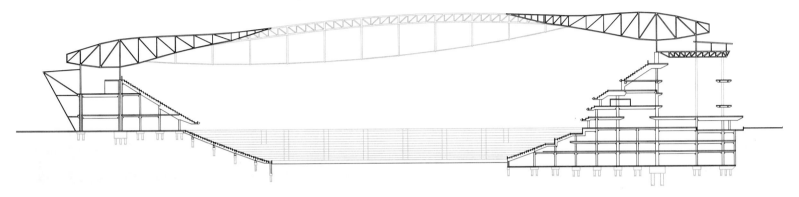

2

Auf den äußeren der vier im Grundriss H-förmigen Massivbauteile der Westtribüne sind A-Frames montiert, die in Nord-Süd-Richtung gelenkig gelagert sind. Auf den beiden inneren H-Wänden des Massivbaus sind die A-Frames durch V-Braces ergänzt, V-Stützen, die die Nord-Süd-Kräfte aufnehmen. Die übrigen Lager sind durchweg als Pendelstützen ausgebildet.

Im Bereich des Kragdachs steigt die Höhe der Fachwerkträger wegen des Biegemoments aus der Auskragung auf zehn Meter. Die Fachwerkträger kragen 42 Meter aus. Im vorderen Bereich sind Vierendeel-Träger angebracht, die weitere 15 Meter auf insgesamt knapp 58 Meter auskragen. Grund für die Vierendeel-Variante war der Wunsch der Architekten nach einem ruhigen Erscheinungsbild ohne Diagonalen, da dieser Bereich glasklar eingedeckt werden sollte.

Die Vereinheitlichung der Knotenpunkte und eine homogenere Untersicht waren auch die Beweggründe für die Angleichung der Profile der Ober- und Untergurte der Kragträger. Variiert wurden je nach Belastung nur die Wandstärken der Hohlprofile, die Außendurchmesser blieben gleich.

Nach der WM werden die temporären Tribünen zurückgebaut, wodurch sich die Kapazität von 65.800 Zuschauer auf 48.000 reduziert. Das Corinthians ist kein stromlinienförmiger, geglätteter, harmonisierter, sondern ein eher kantiger, designbetonter Bau. Die flach gewölbte, elegante Form des Daches ergänzt die aus geneigten und gebogenen Wänden gefügte und in Detail und Materialität sensibel gestaltete Architektur des Stadions auf konforme Weise.

OBJEKT
Corinthians Stadium
STANDORT
São Paulo, Brasilien
BAUZEIT
2011–2014
BAUHERR
SC Corinthians Paulista
INGENIEURE + ARCHITEKTEN
Architekt: Aníbal Coutinho
Tragwerksplanung: Werner Sobek

3 Blick auf die Tribüne
4 Blick auf das Spielfeld
5 Detail des unterspannten Hauptträgers

Die Arena da Amazônia in Manaus

In der Amazonasmetropole Manaus sind die Architekten von Gerkan, Marg und Partner mit den Ingenieuren schlaich bergermann und partner einen anderen Weg gegangen. Sie entwarfen ein perfektes Stadionoval, das in Massivbauweise z. T. mit Fertigteilen ausgeführt wurde, und umfingen es mit einer korbförmigen Stahlbaustruktur, die gleichzeitig Fassade und Dach bildet. Erste Pläne, radiale Stahlbinder biegesteif einzuspannen, ließen sich im sandigen Baugrund nicht verwirklichen. So kamen die Ingenieure zu einer Art Gitterschale mit Druckring am Innenrand über dem Spielfeld, Zugring in Traufhöhe und gelenkiger Lagerung an den Fußpunkten.

Die Hohlkastenträger der Gitterstruktur sollten in der ursprünglichen Entwurfsphase der Gesamtgeometrie homogener angepasst, zweiachsig gekrümmt und im Querschnitt trapezförmig sein.

Als Ergebnis einer Kostenoptimierungsphase wurden die Stege jedoch parallel gestellt. So ergaben sich rechteckige Querschnitte mit einachsig gekrümmten Flanschen. Die Querschnitte wurden anschließend gemäß den Belastungen von Knoten zu Knoten schrittweise angepasst, was zusammen mit der Querschnittvereinfachung insgesamt zu einer merklichen Reduktion des Fertigungsaufwandes führte. Bei den Fassaden- und Dachträgern wechseln sich primäre und sekundäre Elemente ab, was aber nicht auffällt, da deren äußere Abmessungen identisch sind.

Die Lastfälle bei den räumlich komplexen Knoten, insbesondere jenen am Druckring, mussten mit detaillierten Computermodellberechnungen aufwendig simuliert werden, um alle kritischen mehrachsigen Spannungszustände korrekt berechnen zu können. Viel Überlegung erforderte neben der Schweißfolge der Knoten auch der Bauablauf, zum Beispiel die Montage der Primärträgersegmente mit Unterstützung durch Montagetürme. Unterschiedliche Verformungen in unterschiedlichen Montagezuständen und im Endzustand mussten bei der Produktion in der Werkstatt berücksichtigt werden, damit die Bauteile nach Absenken der Montagetürme in Normalbelastung ihre richtige Lage einnehmen konnten.

Bauen in Äquatornähe bedeutet immer auch die Bewältigung extremer Niederschlagsmengen. Durch um 25 Zentimeter nach oben verlängerte Flansche werden die Stege des Tragwerks zu leistungsfähigen Rinnen, in denen die Sturzbäche abgeführt werden können.

Ausgefacht sind die rautenförmigen Öffnungen des Tragwerks mit PTFE-beschichteten, durchscheinenden Glasfasermembranen, die Tageslicht ins Innere lassen und das Bauwerk abends bei Flutlicht von innen heraus zum Leuchten bringen.

6 Die PTFE-Fassade lässt das Flutlicht durchscheinen.
7 Blick über Manaus und den Rio Negro
8 Die Fassade ist in rautenförmige Segmente gegeliedert.

7

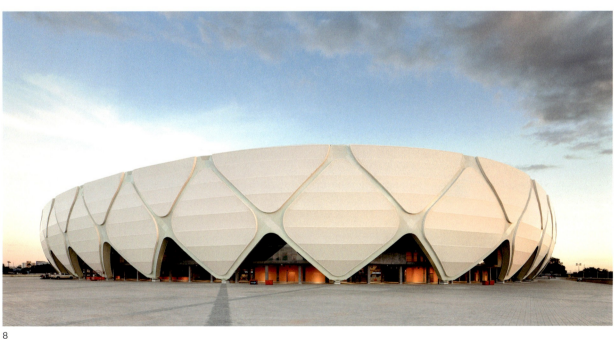

8

OBJEKT
Arena da Amazônia
STANDORT
Manaus, Brasilien
BAUZEIT
2010–2014
BAUHERR
Companhia de Desenvolvimento do Estado do Amazonas
INGENIEURE + ARCHITEKTEN
Architekten: von Gerkan, Marg und Partner
Tragwerksplanung: schlaich bergermann und partner

9

10

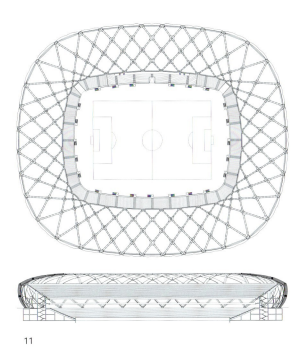

11

9 Blick ins Stadionoval
10 Details Eckausbildung
11 Draufsicht und Querschnitt
12 Untersicht des Tribünendaches

12

Charaktervolle Konstruktionen – Vier WM-Stadien in Brasilien 17

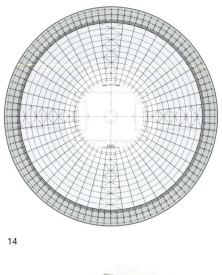

Das Estádio Nacional Mané Garrincha in Brasília

In Brasília sollte das existierende Nationalstadion von örtlichen Architekten vergrößert und von den deutschen Planern mit einer neuen äußeren Erschließung und einem Dach versehen werden. Beide Bauteile konnten weitgehend unabhängig voneinander gebaut werden. Die Zuschauer gelangen von den Rampen und Treppen aus über Brücken zu den Mundlöchern der Stadionschüssel.

Wie ein Saturnring umkreist der flache Betonring der Dachkonstruktion das Stadion, nicht wie bei anderen Stadien spielfeldnah und platzsparend oval, sondern ausgreifend kreisrund, als effizienteste Form des Druckrings für ein von Seilen getragenes Dach. 309 Meter Durchmesser hat der Druckring, der gleichzeitig das Dach der „Esplanade" bildet, der das Stadion umrundenden Säulenhalle. 288 in drei konzentrischen Ringen angeordnete Säulen tragen den breiten Dachring.

Die Säulenhalle ist für Besucherströme gebaut, die zu ebener Erde auf Höhe des Mittelrangs in die Schüssel gelangen oder die langen Rampen zur oberen, das Stadion umrundenden Esplanade empor gehen und über Brücken zu den Mundlöchern des Oberrangs streben. Die in Brasilien bevorzugten breiten Rampen bedeuten zwar lange Wege, gelten aber im Panikfall als sicherer. Die Stadionschüssel rückt an allen vier Seiten unmittelbar an das Spielfeld heran und bildet ein dem Rechteck angenähertes Oval. Das Himmelsauge über dem grünen Rasen hingegen ist kreisrund, wie die gesamte Dachkonstruktion, die wegen des offenen Abstands oberhalb des Tribünenrands über dem Stadion zu schweben scheint.

Die den flachen Betonreifen spielerisch in die Höhe hebenden Betonstützen, über der Esplanade 36 Meter hoch und mit einem Durchmesser von 1,20 Meter sehr schlank wirkend, sind oben in den Druckring und unten in die Rampen eingespannt, damit sie alle gemeinsam die Horizontallasten übertragen können; denn die Ingenieure und Architekten wollten bei der Säulenhalle diagonale Streben und Wandscheiben zur Aussteifung unbedingt vermeiden.

Der Druckring ist ein im Querschnitt dreieckiger Hohlkastenträger, 22 Meter breit, am Außenrand spitz auslaufend und am inneren Rand 5 Meter hoch. Der von außen simpel erscheinende Hohlkasten hat allerdings ein kompliziertes Innenleben. Innen ist er jeweils über den Stützenachsen mit radialen und tangentialen Schottwänden unterteilt.

An jeder zweiten Schottwand sind die Radialseile des Seiltragwerks angeschlossen. In diesen Schottwänden verlaufen Spannglieder, die die Verankerung der hohen Zugkräfte aus dem Seildach am äußeren Rand des

13 Blick ins Stadionrund
14 Draufsicht
15 Überdachungsdetail
16 Betonstützen der Esplanade
17 Querschnitt
18 Außenansicht

16

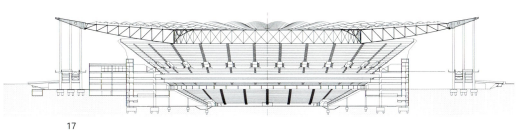

17

Druckrings gewährleisten und so im ganzen Ring eine Druckspannung erzeugen, wie es für Beton materialgerecht ist.

Berücksichtigt werden musste auch die Langzeitverformung des Druckrings. So wurden die Stützen um fünf Zentimeter nach außen geneigt aufgestellt. Schwindet der Druckring, so nähern sich die Säulen immer mehr der Senkrechten. Außerdem ergeben sich deutliche Auswirkungen in der Interaktion mit dem Seiltragwerk, die zahlreiche Simulationen und Berechnungen notwendig machten.

Die 48 radialen Tragseile verbinden den Druckring mit dem über dem Stadioninneren schwebenden Zugring. Auf den Radialseilen stehen Pfosten und Diagonalen, die einen Obergurt aus Stahlrohr tragen und insgesamt mit dem Seil als Zugglied einen Fachwerkträger bilden. Die 48 sehr schlanken Fachwerkträger sind durch flachbogige Pfetten verbunden, über die die transluzente Membrandachhaut zweiachsig gekrümmt gespannt ist. Auch die Unterspannung des Dachraums ist transluzent und offenporig, um Tageslicht und Schall passieren zu lassen. So wirkt der Dachkörper räumlich und die filigrane Dachkonstruktion ist schemenhaft zu erkennen. Alle Installationen für Dachentwässerung, Licht und Beschallung sowie der Catwalk für die Wartung sind innerhalb des Dachkörpers auf ästhetisch problemlose Weise untergebracht. Die Dachuntersicht ist bis auf zwei abgehängte Videowände glatt und ungestört. Vorn an den Druckring angehängt kragen zusätzliche leichte Fachwerkträger 17,50 Meter weit aus und tragen den innersten Ring der Dachhaut, der aus glasklaren, soliden Polycarbonatplatten besteht und die ausreichende Belichtung des Rasens ermöglicht. Zur vollständigen Überdachung des Innenraums ist die spätere Installation eines verfahrbaren Textildaches vorbereitet.

Durch die Kombination aus Speichenradprinzip und Seilhängedach wird die Überdachung mit einer Auskragung von mehr als 81 Metern und einer Fläche von 47.000 Quadratmetern mit einem eleganten, ressourcenschonenden Leichtbauprinzip und einem Stahleinsatz von lediglich 2.200 Tonnen bewältigt. Der Innenraum des Stadions gewinnt durch die regelhafte, erlebbare konstruktive Ordnung und die fast demonstrative Leichtigkeit an Ruhe und Erhabenheit, ohne monumental zu wirken.

OBJEKT
Estádio Nacional Mané Garrincha
STANDORT
Brasília, Brasilien
BAUZEIT
2010–2013
BAUHERR
Novacap, Brasília
INGENIEURE + ARCHITEKTEN
Architekten: von Gerkan, Marg und Partner
Tragwerksplanung: schlaich bergermann und partner

Charaktervolle Konstruktionen – Vier WM-Stadien in Brasilien 21

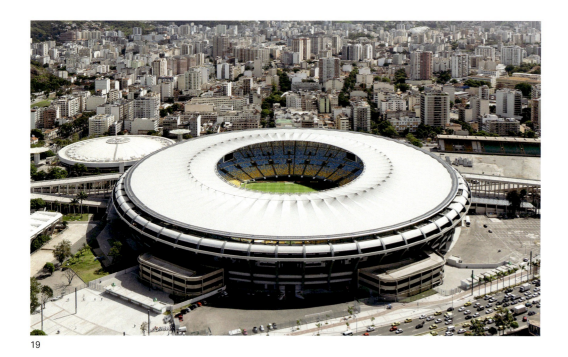

Estádio Jornalista Mário Filho in Rio de Janeiro

Das legendäre Stadion mitten im Stadtgebiet der Sambametropole, das jedermann nur Maracanã nennt, wurde für die Fußballweltmeisterschaft 1950 errichtet, hatte einst ein Fassungsvermögen von mehr als 200.000 Zuschauern und galt als größtes Stadion der Welt. Doch der Betonbau war in die Jahre gekommen und sollte zur WM 2014 grundlegend saniert und auf FIFA-Standard gebracht werden. Der Oberrang wurde erneuert und der Unterrang mit besseren Sichtverhältnissen völlig neu gebaut. Ein Hauptanliegen dabei: Das Stadiondach, eine Betonkragkonstruktion, hatte eine zu geringe Spannweite und überdeckte nur ein Drittel der Zuschauerplätze. Zunächst dachte man daran, die äußere Erscheinung des denkmalgeschützten Bauwerks unverfälscht zu erhalten, indem man die Dachfläche nach innen unter Beibehaltung der bestehenden Dachkonstruktion vergrößert. Doch die betagten Betonkragträger konnten nicht mehr ertüchtigt werden. Und eine oben aufgesetzte zusätzliche Tragstruktur hätte das Stadion zu nachhaltig verändert.

Schließlich entwickelten die Ingenieure von schlaich bergermann und partner eine Dachkonstruktion, die sich in den historischen Bestand so flach einfügt, dass sie die berühmte Silhouette kaum verändert. Sie bedienten sich des mittlerweile erprobten Speichenradprinzips mit äußerem Druckring, innerem Zugring und verbindenden „Speichen" in Form von Radialseilen, das mit wenig Konstruktionshöhe auskommt. Und weil die auf Zug belasteten Bauteile des Seiltragwerks überwiegen, fällt es sehr filigran und materialsparend aus.

Nach dem Abschneiden der alten Kragträger blieben die Gebäude- und Fassadenstützen sowie ein umlaufender Ringbalken in Traufhöhe bestehen und wurden betonsaniert. Deren Gliederung wurde vom neuen Dach übernommen. Den 60 historischen Stützen entsprechen die 60 Dachfelder. Wie ein in sich stabiler Deckel liegt die Speichenradkonstruktion mit dem im Querschnitt rund 1×2 Meter messenden stählernen Hohlkastenprofil des Druckrings auf den 60 Stützenköpfen. Horizontalkräfte ergeben sich lediglich bei Windbelastung und werden an vier Punkten in die Lager übertragen. Ansonsten gibt das Dach nur Vertikallasten ab. Deshalb war es möglich, die alten Stützen zu benutzen, obwohl sich die Dachfläche fast verdoppelt hat.

Die Stabilität des Seildaches und die Steifigkeit des Dachkörpers werden dadurch erreicht, dass die Radialseile nach zwei Dritteln Dachtiefe von Luftstützen auseinandergespreizt werden und dadurch Seilbinder mit drachenförmigem Querschnitt mit einem Druckring und drei Zugringen an den Eckpunkten entstehen. Die Luftstützen bilden gleichzeitig die Hochpunkte der Bespannung des Dachs mit einem PTFE-beschichteten Glasfasergewebe. Die schneeweiße Membran wird über die

19/20 Das Stadion aus der Vogelperspektive
21 Draufsicht und Tribünenquerschnitt
22 Blick auf das Spielfeld
23 Blick vom Aussichtspunkt Cristo Redentor

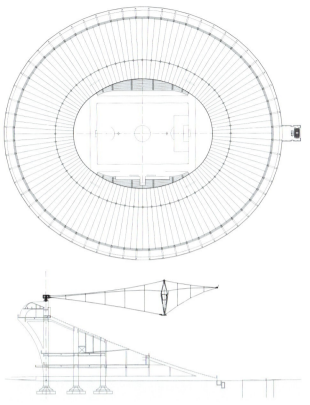

21

22

Radialseile gespannt und zur Erreichung der für die Stabilität notwendigen zweiachsigen Krümmung durch Kehlseile in den Zwischenfeldern nach unten gezogen. So ergibt sich zwischen den Hoch- und Tiefpunkten ein auch in der Dachaufsicht (beispielsweise vom Aussichtspunkt Cristo Redentor aus) optisch reizvolles Faltwerk.

Die auf dem unteren, aus sechs Seilen bestehenden Zugband stehenden, 13,5 Meter hohen Luftstützen aus Hohlkastenprofilen sind rautenförmig aufgespreizt und nehmen den Catwalk auf. In dem rings umlaufenden Wartungsgang ist die gesamte Installation des Daches ästhetisch und wartungsfreundlich untergebracht. Der Laufsteg trägt alle Ausrüstungen wie Flutlicht, Tribünenbeleuchtung und Lautsprecher, aber auch die 14 Torlinienkameras des deutschen GoalControl Systems.

68 Meter spannt das Dach gleichmäßig über das gesamte Oval des Stadions nach innen und lässt eine Öffnung von 160 × 122 Meter frei. Mit 3.980 Tonnen Gewicht, d.h. 87 Kilogramm pro Quadratmeter Flächengewicht ist es nicht nur eine extrem leichte Konstruktion, sondern wirkt auch leicht, luftig und aufgrund der kleinen Auflagepunkte fast schwebend, ein Eindruck, der durch die Transluzenz und die Effektbeleuchtung am Abend noch verstärkt wird.

Falk Jaeger

23

OBJEKT
Estádio Jornalista Mário Filho
STANDORT
Rio de Janeiro, Brasilien
BAUZEIT
2010–2013
BAUHERR
Empresa de Obras Publicas
INGENIEURE + ARCHITEKTEN
Architekt: Daniel Fernandes
Tragwerksplanung: schlaich bergermann und partner

NUTZUNGSVIELFALT UND NACHHALTIGKEIT – DIE BAAKENHAFENBRÜCKE IN DER HAFENCITY HAMBURG

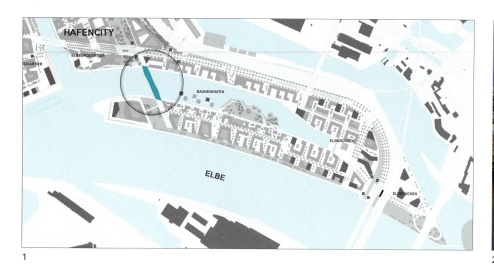

Die Baakenhafenbrücke, von Wilkinson Eyre Architects mit dem BuroHappold Engineering für die HafenCity Hamburg GmbH als Bauherrin entworfen, ist sowohl in architektonischer als auch ingenieurtechnischer Hinsicht außergewöhnlich und setzt Maßstäbe in puncto Nachhaltigkeit von Ingenieurbauwerken.

Mit einem Bürgerfest wurde die Baakenhafenbrücke, das größte Brückenbauwerk in der HafenCity Hamburg, im August 2013 eröffnet und der Öffentlichkeit übergeben. Die zweitägige Feier mit zehntausenden Besuchern markierte zugleich den Auftakt für die Entwicklung des neuen Stadtteils in Richtung Osten. Denn die Baakenhafenbrücke bildet die infrastrukturelle Voraussetzung für die dichte Mischung aus Wohn- und Freizeitnutzung, grünen Freiräumen und Arbeitsplätzen, die in den kommenden Jahren rund um den Baakenhafen entstehen wird. Doch auch als Bauwerk ist sie bemerkenswert: eine Landmarke an der Einfahrt des größten Hafenbeckens der HafenCity, die durch ihre leicht geschwungene Form große Eleganz ausstrahlt.

Die Brücke fügt sich harmonisch ins Umfeld ein, ohne Barrieren zu bilden, und schafft großzügige Aufenthaltsräume für Fußgänger. Zudem genügt sie den vielfältigen Nutzungsanforderungen einer modernen Stadtentwicklung sowie höchsten Ansprüchen an die Nachhaltigkeit: So beschreitet sie beispielsweise mit einem durch die Kraft der Tide aushebbaren Mittelteil neue Wege einer „minimalen Beweglichkeit". Dadurch bleibt auch in Zukunft die Möglichkeit bestehen, mit einem großen Museumsschiff in das ehemalige Seehafenbecken einzulaufen.

Dass der Baakenhafen weiterhin für große Schiffe erreichbar bleiben soll, führte in der Konzeptphase zu der Grundidee einer aus drei separaten Abschnitten bestehenden Stahlbrücke. Von beiden Kais aus erstrecken sich die Randfelder bis zu einer Stütze und ragen über diese in Richtung der Mitte der Beckeneinfahrt hinaus. Die verbleibende, 35 Meter lange Lücke zwischen den Randfeldern wird mit dem Aushubelement geschlossen, das auf den beiden Kragarmen aufliegt. Die Stützen, die die Randfelder tragen, zeigen eine markante V-Form, die einerseits aus ästhetischen Gründen, andererseits aber auch aus statischen Gründen gewählt wurde, um die Stützweiten zu reduzieren. Der Überbau ist mit den V-Stützen verschweißt, während er an den Enden auf Elastomerlagern ruht. Das Mittelsegment ist auf den Kragarmen auf Kalottenlagern aufgelegt. Damit ergibt sich ein semiintegrales Bauwerk, d.h., dass stellenweise die Verbindungen zwischen Über- und Unterbau fest – eben geschweißt – sind und dort auf kosten- und wartungsintensive Lager verzichtet werden konnte.

Auf der Brücke sind Fahrbahn und Gehwege durch Trennwände klar voneinander abgegrenzt. Damit werden die

1 Lage des Bauwerks in der HafenCity
2 Ansicht der Brücke mit den markanten V-Stützen
3 Der Mittelabschnitt der Brücke ist unter Einsatz des Tidenhubs herausnehmbar.
4 Baakenhafenbrücke am Abend

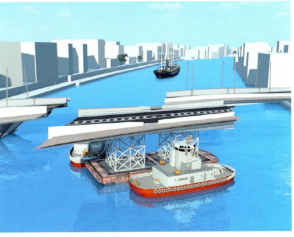

3

4

Die Baakenhafenbrücke in der HafenCity Hamburg 29

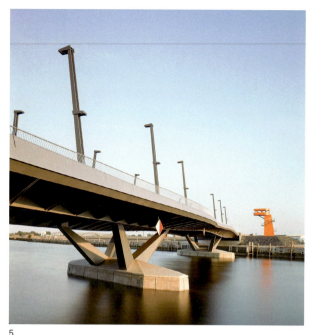 

zwei gewissermaßen gegensätzlichen Funktionen der Brücke betont: Für Autos und Radfahrer wird eine zügige Überquerung des Hafenbeckens ermöglicht; Fußgängern wird gleichzeitig eine hohe Aufenthaltsqualität über dem Wasser geboten. Im Schutz dieser Trennwände bewegen sich die Fußgänger barrierefrei auf sanft geschwungenen Wegen, die der Brücke ihre charakteristische Ansicht verleihen. Abgeschirmt vom Autoverkehr bieten die zu Recht „Belvederes" genannten Bereiche mit Sitzstufen weite Ausblicke über die Elbe und die HafenCity.

Auf die „Belvederes" wurde im Entwurf besonderes Augenmerk gelegt. Die elegante Edelstahlbrüstung ist nur ein Beispiel für die hohe Qualität des Designs. Ihre Neigung nach innen wurde als Fortführung des Verlaufs der äußeren Kante des Trägers ausgearbeitet. Die Edelstahlprofile des Geländers nehmen diese Linienführung ebenfalls auf und akzentuieren durch ihre variierende Länge die Wellenbewegung in der Seitenansicht der Brücke.

Besonders gelungen ist zudem das Beleuchtungskonzept. Neben der öffentlichen Beleuchtung in Form von speziell entworfenen Lichtmasten, die in das Haupttragwerk „hineinlaufen", erhält die Brücke durch die atmosphärische Beleuchtung, bestehend aus einem Lichtband am Gehweggesims und einer Stützenbeleuchtung, eine besondere Fernwirkung bei Nacht und erfährt eine angenehme Betonung der Gehwege und Aufenthaltsbereiche.

Die skulptural geformten Strompfeiler, auf denen die V-Stützen angeordnet sind, bilden ein weiteres architektonisches Highlight der Brückenkonstruktion. Ihre Positionierung im Tidebereich machte indes eine besondere Bauweise erforderlich. Jeder Pfeiler ist auf zwölf Bohrpfählen gegründet, die von einer Hubinsel aus hergestellt wurden. Für die Pfeiler selbst wurden zunächst oberhalb des Wasserspiegels Betonaußenschalen hergestellt, die anschließend millimetergenau in die endgültige Lage abgesenkt und mit Beton ausgefüllt wurden. Die V-Stützen aus Stahl konnten dann mit den Pfeilern verspannt werden und der obere Abschluss der Pfeiler wurde betoniert.

Der Überbau besteht aus zwei luftdicht verschweißten Hohlkastenträgern in Längsrichtung, an die Querträger angeschlossen sind, die das Fahrbahndeck und die Gehwege tragen. Die geschwungene Form der Hauptträger und Gehwege sowie der schiefwinklige Anschluss der Querträger erforderten den Aufbau eines dreidimensionalen parametrisierten Computermodells. Mithilfe dieses Modells konnte die Werkstattfertigung der Stahlbauteile direkt gesteuert werden. Dies führte zu einer hohen geometrischen Genauigkeit und einer optimierten Prozessqualität.

5 Blick unter den Kragarm mit Querträgern
6 Die Belvederes bieten einen weiten Ausblick über die HafenCity, hier in der Achse: das neue SPIEGEL-Gebäude.
7 Wellenbewegung in der Seitenansicht
8 Einhub des Mittelsegments
9 Brückenquerschnitt

7

8

9

Fahrbahnbeleuchtung

Gewegbeleuchtung

Lichtmast

10,94 mm

14,45 m

Hohlkastenträger

Sitzbank

Belvedere

Gehweg

Lichtband
am Gesims

Querträger

Strompfeiler

V-Stützen aus Stahl

Bohrpfähle

Die Baakenhafenbrücke in der HafenCity Hamburg 31

10

Die Fertigung der V-Stützen und des Brückenüberbaus mit einem Gesamtgewicht von zirka 2.500 Tonnen erfolgte in nur acht Monaten in Belgien. Der Brückenüberbau wurde in 36 Bauteilen gefertigt, die anschließend mittels voll- und halbautomatischer Schweißverfahren zu den drei Brückenabschnitten zusammengefügt wurden. Diese drei Überbauabschnitte wurden dann über die Nordsee nach Hamburg transportiert und auf der Baustelle in nur drei Tagen montiert. Mit Schwimmkranen wurden zuerst die zwei Randfelder jeweils auf das Widerlager und die V-Stützen gesetzt und deren Lage exakt vermessen. Nach der Ausrichtung wurden die V-Stützen mit den Hauptträgern des Überbaus verschweißt. Anschließend erfolgte das Einheben des Mittelsegments.

Die entscheidende Innovation der Baakenhafenbrücke ist ihre nachhaltige Gesamtkonzeption und die Umsetzung dieser hoher Standards auf allen Ebenen des Bauprozesses. Moderne Ingenieurbauwerke im innerstädtischen Bereich müssen vielen verschiedenen Nutzungsanforderungen genügen. Diese sind nicht nur einem permanenten Wandel unterworfen, sondern sie sind auch widersprüchlich, besonders mit Blick auf die Forderung nach einer langen Lebensdauer und einer nachhaltigen Qualität. Bei der Baakenhafenbrücke wurde ein Konzept erarbeitet und realisiert, das sich wandelnde Anforderungen an das Bauwerk berücksichtigt und eine hohe Nutzungsflexibilität garantiert. So lässt sich die Fahrbahn bei Bedarf von derzeit zwei auf drei Fahrstreifen erweitern. Damit kann auf ein verändertes Verkehrsaufkommen reagiert werden, wenn sich auf der Halbinsel ein Veranstaltungsort etabliert oder die Stadt sich über die Norderelbe hinweg weiterentwickelt.

Auch das aushebbare Mittelsegment ist unter Nachhaltigkeitsgesichtspunkten mustergültig. Ohne aufwendige Steuerungstechnik, wartungsintensive Hubzylinder, Hebeeinrichtungen oder Drehlager kann mit Pontons und der Kraft der Tide die Durchfahrt für große Schiffe geöffnet werden. Dies ist eine technische Neuerung, mit der Kosten und Ressourcen gespart werden.

In Deutschland erfolgte bisher keine objektive, vereinheitlichte Bewertung der Nachhaltigkeit von Ingenieurbauwerken. Die Baakenhafenbrücke hat als eines von fünf Pilotprojekten zur Entwicklung eines brückenspezifischen Bewertungssystems beigetragen. Sie ist die bundesweit erste Brücke, bei der die Systematik der Nachhaltigkeitsbewertung bereits in den Wettbewerb integriert wurde und wichtiger Bestandteil der Planungs- und Realisierungsphase war.

Bis ins Detail hat dieser Gedankenprozess immer wieder neue Wege eröffnet und Lösungen für Nachhaltigkeitsanforderungen hervorgebracht. So wird bei der Verbindung der V-Stützen mit dem Überbau auf wartungsintensive Lager verzichtet und alle wesentlichen

10–12 Die Beleuchtung verleiht der Brücke eine besondere Fernwirkung bei Nacht.

11

Instandhaltungsarbeiten (z. B. Wartung der Beleuchtung) erfolgen vom Brückendeck, anstatt mit großem Aufwand vom Wasser aus.

Das Entwässerungssystem ist in die Borde integriert, sodass eine konstruktiv aufwendige und korrosionsanfällige Durchdringung der Tragkonstruktion durch Ablaufrohre vermieden wurde.

Das Ergebnis der Nachhaltigkeitsbewertung konnte ausgehend vom wissenschaftlich betreuten Wettbewerb bis zur Fertigstellung nicht nur gehalten, sondern sogar noch verbessert werden. Die Baakenhafenbrücke erreichte die Beurteilung „sehr gut". Die positiven Erfahrungen aus der Nachhaltigkeitszertifizierung im Projekt Baakenhafenbrücke werden künftig dazu beitragen, die Qualität von Ingenieurbauwerken über den gesamten Lebenszyklus entscheidend zu verbessern. Damit ist ein wichtiger Schritt getan, hohe Nachhaltigkeitsstandards nicht nur für Gebäude, sondern auch für Ingenieurbauwerke systematisch zu entwickeln und umzusetzen.

Von der Baakenhafenbrücke geht somit sowohl in architektonischer und ingenieurtechnischer Hinsicht als auch unter dem Gesichtspunkt der Nachhaltigkeit eine starke Signalwirkung aus – weit über die HafenCity Hamburg hinaus.

Henning Liebig, Heiko Trumpf

OBJEKT
Baakenhafenbrücke
STANDORT
Hamburg
BAUZEIT
2012–2013
BAUHERR
HafenCity Hamburg GmbH
INGENIEURE + ARCHITEKTEN
Projektleitung, Bauwerksentwurf, Ausführungsplanung: Arge Wilkinson Eyre Architects und Buro Happold Engineering
Fachberater Nachhaltigkeit: Prof. Dr.-Ing. Carl-Alexander Graubner, TU Darmstadt / LCEE GmbH
Projektsteuerung: URS Corporation
Bauoberleitung / Örtliche Bauüberwachung: Böger + Jäckle Gesellschaft Beratender Ingenieure mbH & Co. KG
BAUAUSFÜHRUNG
Arge Himmel u. Papesch / Victor Buyck Steel Construction
Stahl: Victor Buyck Steel Construction NV, Eeklo (Belgien)
Unterbauten: Himmel u. Papesch Bauunternehmung GmbH Co. KG, Bebra

12

Die Baakenhafenbrücke in der HafenCity Hamburg

AVANCIERTER INGENIEURBAU ALS TRÄGER EINER BOTSCHAFT – DER PORSCHE-PAVILLON IN DER AUTOSTADT IN WOLFSBURG

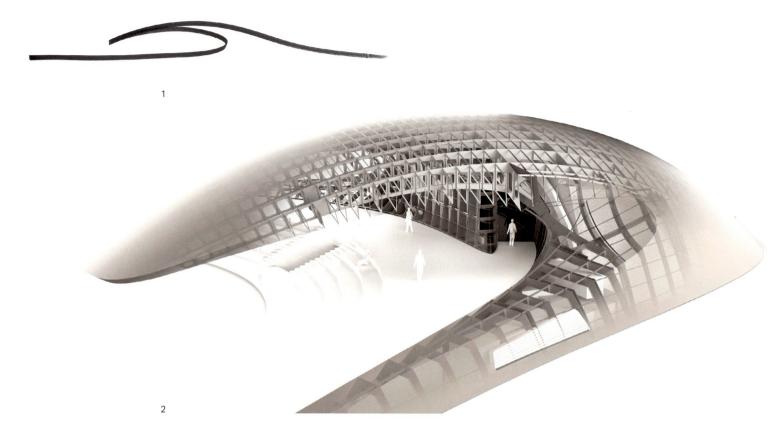

Der neue Porsche-Pavillon der Autostadt in Wolfsburg verkörpert die Philosophie und Charaktereigenschaften des Sportwagenherstellers und stimmt Besucher auf die Inszenierung der Produkte im Innern des Monocoque-Bauwerks ein.

Ein sehr hübscher Platz ist für den Pavillon des Konzern-Neuzugangs Porsche in der Autostadt gefunden worden, zentral im Park mit idyllischem Ausblick auf die Lagune des automobilen Themenparks. Zu sehen ist nur eine Uferanlage mit Sitzstufen, eine kleine Arena, über die eine stählerne Welle schwappt.

Die metallen schimmernde Welle ist Wahrzeichen, Vordach, Sonnenschutz für Zuschauer bei Veranstaltungen sowie Eingangsbauwerk in einem. Und ein erstaunliches Konstrukt mit einer zumindest für Laien beängstigenden Auskragung von 25 Metern.

Der Pavillon hat keine Fenster und gibt sich zunächst nicht als Gebäude mit einem Innenleben zu erkennen. Ein unscheinbarer Eingang öffnet sich auf der oberen Ebene der Arena und gibt den Weg frei in die von HG Merz gestaltete Inszenierung. Die Besucher werden von einem effektvoll beleuchteten Raum empfangen. Der Blick fällt hinab auf den „Schwarm", eine „Straße", auf der 26 silberne Porsche-Modelle im Maßstab 1:3 die Genealogie der Sportwagen seit dem Porsche 356 Nr. 1 aus dem Jahr 1948 darstellen. Die Besucher gehen eine gekurvte Rampe entlang dieser dynamisch abfallenden Fläche hinab. Am Grund des Ausstellungsraums, gewissermaßen als jüngste Vertreter des Schwarms, die aktuellen Porsche-Fahrzeuge 1:1, in denen die Besucher auch Platz nehmen können. iPads stehen zur Verfügung, die alle Informationen abrufbar machen. Themenfilme und Medieninstallationen geben zusätzliche Einblicke in die Geschichte und Philosophie der Sportwagenmarke. Der Ausgang am Ende des Rundgangs entlässt die Besucher durch ein Mundloch auf dem unteren Niveau der Arenatribüne.

Um die vom Architekturbüro Henn entworfene, kühn gedachte Architektur zu realisieren, waren ungewöhnliche Konstruktionsweisen zu bemühen. Eine ungewohnt dünne, doppelt gekrümmte Schalenform sollte weit auskragen. Die Gebäudehülle sollte wie eine Sportwagenkarosserie eine möglichst fugenlose, perfekte Oberfläche bilden, die das Schirmdach, das Gebäude und die anlaufenden Sockelwände in einer einzigen großen Bewegung einbezieht. Die Lösung: eine Monocoque-Bauweise aus Edelstahl, bei der die Außenhaut tragend in die Gesamtstruktur integriert ist und gemeinsam mit Spanten und Schotten eine steife Schale bildet.

Die schlanke, weit ausladende Form schien nur mit einer extremen Leichtbauweise machbar. Die Ingenieure erwogen zunächst, vom modernen Automobil- und Flugzeugbau inspiriert, ein Dach aus Aluminium und Carbon

1 Erste Designskizze
2 3D-Isometrie Eingang
3 Schnittperspektive
4 Horizontale Schnittperspektive

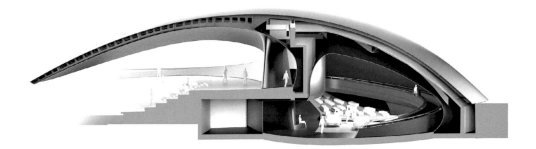

3

zu konstruieren, mit druckbeanspruchten Elementen aus Aluminium, kohlenstofffaserverstärkten Kunststoffbändern als Zugbänder und einer Aluminiumkarosserie. Die Realisierung dieser neuartigen Konstruktion hätte aber den gegebenen Zeitrahmen gesprengt. Die machbare Alternative für das Monocoque bot eine niederländische Firma mit einem Zweigwerk in Stralsund an, die Erfahrung mit dem Kaltverformen von Blechen aus dem Schiffsbau hat.

Das Untergeschoss des Pavillons wurde in Stahlbetonbauweise auf einer 50 Zentimeter starken Bodenplatte aufgebaut. Über den Ausstellungsraum wölbt sich eine Polygonschale aus Schwarzstahlprofilen mit zehn radial angeordneten Bogen, deren Form man annähernd als Parabelkalotte bezeichnen könnte. Die Kalotte ist mit Trapezblechen eingedeckt, die die Unterdecke sowie haus- und ausstellungstechnische Installationen sowie die Dämmung und Abdichtung tragen.

Über das gesamte Bauwerk wölbt sich das Monocoque mit seiner Auskragung und den beiden ausgreifenden Seitenarmen. Es hat ein Gesamtgewicht von 425 Tonnen und maximale Außenmaße von 75 × 80 Metern, das eigentliche Dachtragwerk misst rund 50 × 50 Meter. Unterstützt ist es im Bereich des Ausstellungsraums durch eine gerade Betonwand und durch den Aufzugskern. Der Aufzugskern trägt auch das zentrale Festlager, von dem aus sich das fugenlose Monocoque bei Tempera-

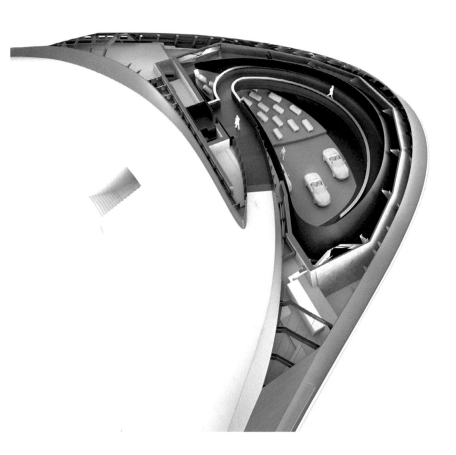

4

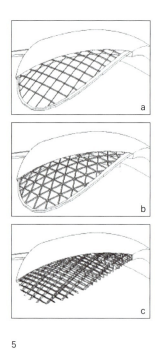
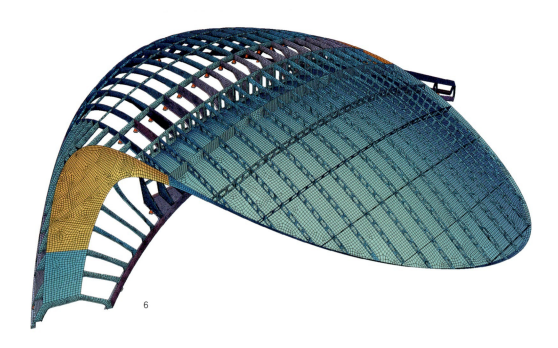

turänderungen in alle Richtungen ausdehnen kann. Deshalb sind außer dem Festlager alle anderen vertikalen Lager verschieblich ausgebildet.

Die Lager am rückseitigen Tiefpunkt der Kalotte müssen durch das gegenüberliegende Kragdach verursachte vertikale Zugkräfte aufnehmen und sind dafür besonders ausgebildet. Horizontale Windkräfte werden vom Festlager und von zwei Lagern am Rand der Schale aufgenommen. Bei der Ausbildung der bewehrten Elastomerlager musste auch auf eine galvanische Trennung zwischen Edelstahl und Schwarzstahl zur Verhinderung von Kontaktkorrosion geachtet werden.

Das gesamte Monocoque besteht einschließlich seiner Spanten aus Edelstahl. Aufgebaut ist es aus einem im Mittel 4 × 1,6-Meter-Raster von Längs- und Querspanten, mit dem die Außenhaut kraftschlüssig verschweißt ist. Die Schalenbleche und die Spanten sind zehn Millimeter dick, an Stellen höherer Beanspruchung auch mal zwölf Millimeter. Den unteren Rand der Schale bildet ein 16 Millimeter dickes Blech, an dem die Lager befestigt sind.

Die wesentliche tragende Komponente des Monocoques ist die Außenhaut, die auf der Oberseite des Spantenrasters als Oberschale aufgeschweißt ist. Im Bereich des Kragdachs gibt es eine Untersicht und folglich auch eine Unterschale. Der Abstand zwischen Ober- und Unterschale und somit die statisch wirksame Bauhöhe liegt bei 40 Zentimetern am vorderen Rand und bis zu 2,2 Metern am Schalenansatz. Oberhalb der Polygonschale, die sich über dem Ausstellungsraum befindet, wird der Monocoque nur mit Spanten ohne Unterschale ausgebildet. Der Zuschnitt der Bleche und Einzelteile bei der Produktion des Monocoques erfolgte auf der Grundlage eines Rhino-Modells. Mit hydraulischen Pressen, die Kräfte von bis zu 6000 Kilonewton zur Wirkung bringen können, wurden die bis zu 2 × 12 Meter messenden Bleche kalt verformt. Die Herstellung solcher doppelt gekrümmten Bleche ist nur wenigen Stahlbaufirmen möglich, die vor allem im Schiffsbau tätig sind, in diesem Fall die zur Unternehmensgruppe Centraalstaal gehörende Firma Ostseestahl in Stralsund.

Das gesamte Monocoque besteht aus 56 Segmenten, die in der Werkstatt vorfabriziert, nach Wolfsburg transportiert und an Ort und Stelle zusammengeschweißt wurden. Dabei musste eine hohe Passgenauigkeit erreicht werden, damit die Bauteile auf der Baustelle exakt gefügt und verschweißt werden konnten. Hierbei mussten auch Verformungen durch Eigengewicht berücksichtigt werden. Die hohen ästhetischen Ansprüche an das Bauwerk brachten auch hohe Anforderungen an die Geometrietoleranzen und an die Präzision und Qualität der Schweißnähte mit sich, die bei dem monolithisch erscheinenden Monocoque nicht zu sehen sein sollten.

5 Aluminium-Carbon (a), Gitterschale (b), Monocoque (c)
6 FE-Modell des Monocoques
7 Blick auf den „Schwarm", der die Porsche-Genealogie ab 1948 darstellt
8 Innenansicht eines Monocoque-Segments
9 Außenansicht eines Monocoque-Segments

7

8

9

Die Geometrie der Bauteile bedingt, dass die umfangreichen Schweißarbeiten in der Werkstatt und auf der Baustelle von Hand ausgeführt werden mussten. Das war vor allem im Bereich der Auskragung eine große Herausforderung für die Schweißer, die auch im Inneren der Doppelschale zu arbeiten hatten. Die matte, metallisch schimmernde Oberfläche des gesamten Bauwerks wurde durch Strahlen mit einem Edelstahlgranulat hergestellt. Mit dieser Methode konnten auch die Anlauffarben an den Schweißnähten entfernt werden.

Die Monocoque-Bauweise aus Edelstahl bot die Möglichkeit, designorientierte, dynamische Formen und die Leichtbauweise als Prinzipien aus dem Automobilbau in das Bauwesen zu übertragen und auf diese Weise zu einem Bauwerk zu gelangen, das die emotional besetzte Sportwagenmarke symbolisch repräsentiert. Das Gebäude entwickelt sich organisch aus der hügeligen Landschaft, weckt durch seine attraktive Form Neugier und zieht die Besucher in seinen Bann. Ohne weitere semantische Elemente wie Schrift und Bild zu bemühen, werden die Philosophie und Charaktereigenschaften der Marke Porsche spürbar und stimmen die Besucher auf die Inszenierung der Produkte des Sportwagenherstellers im Inneren ein. Das Bauwerk wird, dank seiner zum Sportwagenbau kongenialen Bauweise, zum gewünschten Träger der Botschaft.

Falk Jaeger, Mike Schlaich

OBJEKT
Porsche Pavillon
STANDORT
Autostadt in Wolfsburg
BAUZEIT
08/2011–04/2012
BAUHERR
Dr. Ing. h.c. F. Porsche AG/
Autostadt GmbH
INGENIEURE + ARCHITEKTEN
Tragwerksplanung: schlaich bergermann und partner
Architekt/Generalplaner: Henn Architekten, Berlin
Prüfingenieur: Prof. Hartmut Pasternak, Braunschweig
Fassadenberatung: priedemann fassadenberatung GmbH, Großbeeren bei Berlin
Lichtplanung: Kardorff Ingenieure Lichtplanung GmbH
Technische Gebäudeausrüstung: ZWP Ingenieur-AG, NL Hamburg
Landschaftsplanung: WES LandschaftsArchitektur, Hamburg
Inszenierungsplanung und Medien: hg merz architekten museumsgestalter mit jangled nerves, Stuttgart
BAUAUSFÜHRUNG
Stahlbau: Centraalstaal International, Groningen, Niederlande (CIG Architecture)
Massivbau: Kümper + Schwarze, Wolfenbüttel

EINFACHHEIT UND KOMPLEXITÄT – LOUVRE LENS

Filigrane Konstruktionen ermöglichen beim Louvre in Lens die Umsetzung einer zurückhaltenden, minimalistischen Architektur, die ganz der ausgestellten Kunst verschrieben ist und sich selbst fast unsichtbar macht.

Zu Beginn des 21. Jahrhunderts, also gut 200 Jahre nach Eröffnung des Louvre Museums in Paris, entstanden Pläne, die Kunst, die in den Sammlungsdepots der Hauptstadt lagerte, im Rahmen der politischen Dezentralisierung in die Provinz zu bringen und sie für breitere Bevölkerungsschichten zu erschließen. Unter den sechs Bewerberstädten erhielt letztlich die nordfranzösische Stadt Lens den Zuschlag. Die vom Strukturwandel stark betroffene Region sollte auf diese Weise eine kulturelle Aufwertung erfahren.

2005 wurde ein internationaler Wettbewerb ausgeschrieben, den die japanischen Architekten Kazuyo Sejima und Ruye Nishizawa (SANAA) aus Tokio gemeinsam mit Bollinger + Grohmann als Fachplaner für die Tragwerks- und Fassadenplanung gewannen. Im Gegensatz zu Wettbewerbsverfahren in Deutschland oder anderen europäischen Ländern ist es in Frankreich bei Projekten der öffentlichen Hand üblich, die gesamte Planungsleistung als Teamwettbewerb auszuschreiben. Gegenstand des Leistungspakets waren in diesem Fall neben der Objekt-, Tragwerks- und Fassadenplanung auch die Landschafts-, Licht-, Brandschutz- und Haustechnik-Planung, die Kostenschätzung sowie das Klimadesign und natürlich die Ausstellungsgestaltung. Der Aufgabenbereich von Bollinger + Grohmann beinhaltete die fassadentechnische Beratung und die Planung sämtlicher Stahlbaukonstruktionen und sichtbarer oberirdischer Tragwerke.

Bereits in den ersten Planungsphasen wurde deutlich, dass der außergewöhnliche Entwurf der filigranen, flachen Baukörper mit ihrer leicht geschwungenen Gebäudehülle höchste Ansprüche an die Ausführung der Details stellen würde. Des Weiteren stand die Umsetzung dieser reduzierten Architektursprache vor erheblichen Herausforderungen durch die im gleichen Jahr verbindlich eingeführte Energieeinsparverordnung auf Basis der EU-Gebäuderichtlinie (Régulation Thermique 2005) und die seit den 90er-Jahren für alle öffentliche Gebäude vorgeschriebene Nachhaltigkeitszertifizierung (HQE – Haute Qualité Environnementale).

Dementsprechend bestand eine der Hauptaufgaben für die Tragwerks- und Fassadenplanung, den minimalistischen und eleganten Charakter der Boxen zu erfassen und sie in einen den europäischen Normen entsprechenden Planungskontext zu übersetzen, ohne dabei die Identität des Entwurfs aus den Augen zu verlieren. Die Einfachheit des Erscheinungsbildes musste in eine Dimensionierung der Elemente umgesetzt werden, die das konstruktiv Machbare ausreizt. Hinzu kamen hohe

1 Vogelperspektive (Visualisierung)
2 Visualisierung aus der Wettbewerbsphase
3 Eingangshalle nach Fertigstellung

3

Ansprüche an die Oberflächenqualität sowie hinsichtlich arbeitsrechtlicher und sicherheitstechnischer Kriterien. So steht die Schlichtheit der Form im starken Gegensatz zum Planungsaufwand. Dies trifft auf das Tragwerk ebenso zu wie auf die 6 Meter hohen Fassaden.

Planungsprozess

Bereits im Wettbewerbsentwurf stellten sich die charakteristischen Merkmale des zukünftigen Bauwerks deutlich heraus. Eine Komposition aus fünf langen flachen Baukörpern staffelt sich auf einer Länge von 360 Metern in die Tiefe einer 20 Hektar großen renaturierten Fläche einer ehemaligen Kohlenzeche. Im Zentrum befindet sich ein verglastes Eingangsgebäude, um das sich zwei opake Ausstellungssäle, ein Auditorium und ein Glaspavillon gruppieren, die mit ihren diffus reflektierenden Fassaden optisch mit der umgebenden Landschaft zu verschmelzen scheinen.

Während des nun folgenden Planungs- und Bauprozesses über einen Zeitraum von sieben Jahren wurde eine Reihe von Lösungen diskutiert, optimiert und wieder verworfen. So wurde zum Beispiel die Idee der vollständig transparenten Baukörper untersucht, wobei die Vollverglasung und -verschattung der Dächer der Ausstellungsräume bereits frühzeitig aus energetischen und kostentechnischen Gründen wieder ausschied.

Eine Vollverglasung der Fassaden und Dachfläche des Foyer-Gebäudes wären hingegen mit Zugeständnissen an das Innenraumklima denkbar gewesen, wurden schließlich aber aus arbeitsplatzrechtlichen Gründen ebenfalls verworfen. Des Weiteren mussten natürlich Rationalisierungsschritte, die dem Budgetrahmen, einer Bauherrenanforderung oder der Weiterentwicklung der architektonischen Ideen geschuldet waren, mit allen Beteiligten abgestimmt und die Planung entsprechend angepasst werden. Dies betraf zum Beispiel die Größe der Glasscheiben und das Ersetzen der ursprünglich geplanten Glasschwerter durch Stahlpfosten.

Gläsernes Foyer

Das Zusammenwirken der Dachkonstruktion, des Tragwerks und einer höchst filigranen Glasfassade erwies sich beim Entwurf der 4.000 Quadratmeter großen Eingangshalle als sehr komplex. Im Wettbewerbsentwurf noch als vollständig verglaster Baukörper vorgeschlagen, ergab sich aus den oben genannten energetischen, klimatechnischen und kostenbedingten Anforderungen eine Überarbeitung des Daches zu einer gedämmten Struktur mit einigen wenigen Oberlichtern, ausgeführt als einfache Trägerroststruktur. Das 65 × 56 Meter große Dach liegt scheinbar schwerelos auf ungewöhnlich schlanken Stahlstützen auf. Die Stützen auf einem Raster von 9 × 9 Metern besitzen bei einer Höhe von 6 Metern einen Durchmesser von nur 140 Millimetern und

4

eine Wandstärke von 14 Millimetern. Zu ihrer Berechnung wurde der ideal zentrische Lasteintrag in die Stützen in Ansatz gebracht, welcher in der konstruktiven Durchbildung des Verbindungsknotens mit der Dachstruktur berücksichtigt werden musste.

Zweifellos können diese filigranen Stützen den gesamten Baukörper nicht aussteifen. Auch sonst besitzt er weder aussteifende Wandscheiben noch andere vertikale Bauteile zur Aufnahme und Ableitung von Horizontallasten. Somit waren Untersuchungen von alternativen Lösungen notwendig; letztlich entschied man sich dafür, die einzigen möglichen Verbindungspunkte der Eingangshalle zu den Galerien zur Aussteifung zu nutzen. Die Dachstruktur musste im Bereich der Durchgänge an die angrenzenden Stahlbetonwände angeschlossen werden; das gesamte Gebäude wird also nur an zwei Eckpunkten horizontal gehalten.

Dort ist ein hochkomplexer Knotenpunkt entstanden, der die Zusammenarbeit der verschiedenen Gewerke notwendig machte. Unter anderem wird hier auch die gesamte Dachfläche entwässert, zusätzlich mussten Belüftungsrohre untergebracht werden. Dies erforderte eine intensive Betrachtung möglicher Verformungszustände unter sämtlichen Wind- und Temperaturlastbeanspruchungen. Die Anbindung der 6 Meter hohen Glasfassaden-Elemente mit ihrer schlanken Unterkonstruktion an den auskragenden Dachrand stand dabei im

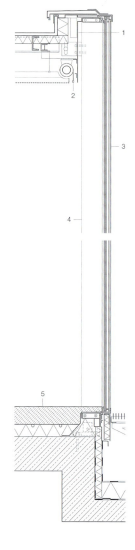

Legende
1 Verkleidung Deckenstirn, Aluminiumblech 2 mm
2 Sonnenschutzrollo
3 Isolierverglasung, Scheibengröße 1500/6050 mm, ESG 10 mm + SZR 12 mm + VSG 2 x 8 mm
4 Fassadenpfosten Stahlblech gekantet 40/20 mm, Verkleidung Aluminiumblech poliert 2,5 mm
5 Bodenaufbau: Estrich bewehrt poliert 130 mm, Wärmedämmung mit Heizrohren 90 mm, Stahlbeton 250 mm

5

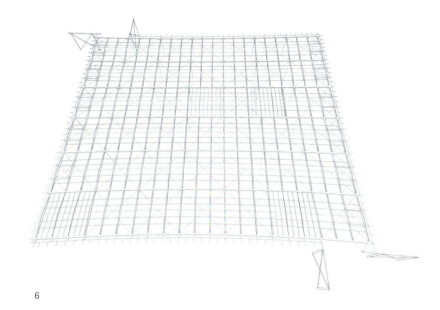

6

Vordergrund. Hier kam letztlich eine zwängungsarme Konstruktion, die eine freie Verdrehbarkeit jeder einzelnen Glasscheibe am Fußpunkt möglich macht, zum Einsatz.

Wie bereits erwähnt, war für alle Baukörper der Energiestandard des französischen Nachhaltigkeitslabels HQE einzuhalten. Dies erforderte für die Fassaden der Eingangshalle und den Glaspavillon, der das Ensemble nach Osten hin abschließt, Isolierglaseinheiten mit einem Ug-Wert in Glasmitte von 1,1 W/m²K. Dies hätte zusätzlich eine Wärmeschutz-Beschichtung und eine Gasbefüllung des Scheibenzwischenraums notwendig gemacht, was für die ursprünglich angesetzte Höhe des Gebäudes von 7,50 Metern Konsequenzen gehabt hätte, lag doch zum damaligen Zeitpunkt in der industriellen Herstellung von Architekturgläsern die maximale Größe bei 6 Metern. Trotz intensiver Kooperation mit einigen europäischen Glasherstellern, die eine Ausführung von Isolierglasscheiben in der geforderten Größe möglich gemacht hätten, reduzierte der Bauherr schließlich kurz vor der Ausschreibung die Dimension auf 6 Meter. Heute, nur wenige Jahre später, steht die Herstellung solcher Isolier-Gläser außer Frage und es gibt bereits einige Produzenten, die in der Lage sind, Größen bis zu 15 Metern zu fertigen.

Auch die Unterkonstruktion der Fassade wurde im Laufe der Planung angepasst. Ursprünglich waren Glasschwerter im Abstand von 1,50 Meter geplant, die jedoch nicht schlanker als 300 mm hätten ausgebildet werden können. So wurde, gemäß dem architektonischen Anspruch der maximalen Transparenz, in mehreren Schritten schließlich ein mit poliertem Aluminiumblech verkleidetes Stahlschwert mit Abmessungen von 120 × 30 Millimetern entwickelt. Neben den geringeren Herstellungskosten sprach auch die Pfostentiefe von 150 Millimetern für diese Lösung. Damit sind die Schwerter nur halb so tief, wie es die ursprünglich geplanten Glasschwerter gewesen wären.

Introvertierte Ausstellungssäle

Konträr zum offenen und transparenten Foyer stehen die auf beiden Seiten anschließenden nach innen gewandten Ausstellungssäle mit ihrer geschlossenen Fassade. Für beide Baukörper mit einer Breite von 25 bis 26 Metern und einer Länge von bis zu 120 Metern waren Stützenfreiheit und variable, steuerbare Tageslichtnutzung über das Dach von Beginn an die Hauptanforderungen an die Planung. Überdies waren eine möglichst geringe Höhe des Dachaufbaus und eine ebenso geringe Dachneigung gewünscht. In der Vorentwurfsphase war die Dachstruktur noch mit unterspannten Trägern konzipiert und das Dach als vollverglaste Fläche geplant. Dies hätte eine Dreifachverglasung für den winterlichen Wärmeschutz und einen außenliegenden Sonnenschutz erfordert. Auch die für eine geringe Dach-

4 Foyer: Ansicht nach Fertigstellung
5 Foyer: Fassadenschnitt
6 Foyer: Dachkonstruktion

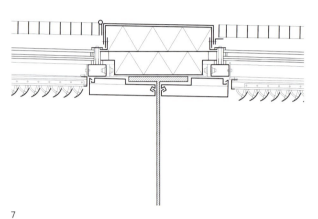

7

8

10

neigung notwendigen Profilsysteme erwiesen sich als problematisch, ist doch in Frankreich eine Dachneigung von mindestens zwei Grad bauaufsichtlich vorgeschrieben, um eine problemfreie Entwässerung des Daches zu gewährleisten. So entwickelten die Tragwerksplaner weitere Variantendetails, stets unter der Prämisse eines möglichst minimalistischen Tragwerks.

Mittlerweile hatte der Lichtplaner in Tageslichtanalysen nachweisen können, dass der notwendige Tageslichtkomfort bereits durch eine sechzigprozentige Verglasung erreicht werden könnte. Also konzentrierte man sich im weiteren Verlauf auf die Detaillierung dieser Variante.

Das Ergebnis besteht aus einer regelmäßigen Abfolge von 90 Zentimeter breiten Bahnen, die die Linearität der Dachstruktur unterstreichen. Bei den neu entwickelten Trägern mit einer Spannweite von 26 Metern handelt es sich um T-Profile aus Flachstahl, 60 bis 110 Zentimeter hoch, mit einer Stegstärke von nur 12 Millimetern, der 25 Millimeter dicke und 200 Millimeter breite Flansch ist in den Dämmpaneelen zwischen den Gläsern versteckt. Das statische Gesamtsystem konnte erst dadurch realisiert werden, dass die Sekundärkonstruktion, die die Glasscheiben trägt, zum Teil des Primärtragwerks wird und so das seitliche Ausweichen der Trägerobergurte verhindert. Aus konservatorischen Gründen sollte trotz Tageslichtkonzept die Menge des natürlichen Lichts

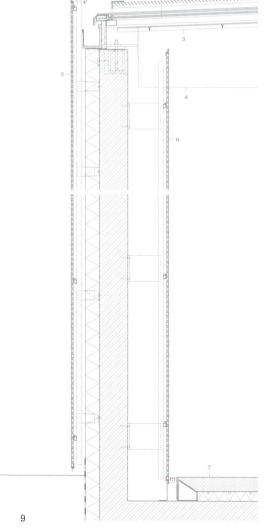

9

7 Ausstellungshalle: Querschnitt, Dachträger
8 Ausstellungshalle: Dachtragwerk vor der Verglasung
9 Ausstellungshalle: Fassadenschnitt
10 Ansicht der anodisierten Aluminiumfassade

Legende
1 Sonnenschutz feststehend, Gitterrost 50 mm, Isolierverglasung ESG 10 mm + SRZ 12 mm + VSG 2 x 8 mm
2 Sekundärtragwerk Rahmen, Stahlrohr mit 40/60 mm Durchmesser
3 Verdunkelung drehbare Lamellen
4 Träger Stahlprofil T 200/600–1100 mm, Steg 12 mm, Beschichtet
5 Sandwichelement 1500/6050/23 mm, Kern Aluminiumwabe, Aluminiumblech eloxiert, 1,5 mm, Agraffenbefestigung Aluminium, Wärmedämmung 140 mm, Stahlbeton 280 mm
6 Sandwichelement 1500/6050/21 mm
7 Estrich bewehrt poliert 150 mm, Wärmedämmung mit Heizrohren 90 mm, Stahlbeton 240 mm

reguliert werden können, um die Kunstwerke vor direkter Sonneneinstrahlung zu schützen. Zudem erwartete der Bauherr die Möglichkeit der steuerbaren Verdunklung. Man entschied sich für eine außenliegende Verschattung aus Gitterrosten, deren Stäbe speziell geneigt und zu Reinigungszwecken aufklappbar sind. Auf der Unterseite sind für die Verdunklung motorisierte Lamellen montiert. So konnte ein äußerst flexibles Tageslichtsystem in einen Dachaufbau von weniger als 30 Zentimeter Höhe integriert werden.

Die Fassaden sind mit anodisierten Aluminium-Paneelen verkleidet, die die gleichen Abmessungen wie die Glaseinheiten des Eingangsgebäudes aufweisen. Eine besondere Anforderung hinsichtlich der Materialrecherche und Bemusterung waren die leicht gekrümmten und diffus reflektierenden Oberflächen mit minimalen vertikalen Stoßfugen, welche von Beginn an sehr genau von den Architekten formuliert worden waren und die durch herkömmliche Standardprodukte nicht abgedeckt werden konnten. Gemeinsam mit Herstellern wurden unterschiedliche Anodisierungstiefen im Eloxalverfahren getestet, wobei sich herausstellen sollte, dass der erwartete Effekt auch in solch großen Paneelabmessungen zu realisieren war. Um die Qualitäten der Bleche vorab beurteilen zu können, wurden in der Ausschreibung visuelle Prototypen im Maßstab 1:1 verlangt, bevor die Freigabe für die Produktion erfolgte.

Die einzelnen Paneele wurden schließlich als Sandwichelemente produziert und mittels eines Agraffensystems vor die Dämmung montiert; auf diese Weise sind keine Verbindungsmittel erkennbar. Die Wirkung der fertigen Fassade entspricht damit weitestgehend dem von den Architekten gewünschten visuellen Effekt.

Eine Aussage, die auch auf das Erscheinungsbild des gesamten Gebäudekomplexes zutrifft. Im Gegensatz zu vielen Museumsbauten, die in den letzten Jahren mit großen Gesten ein unübersehbares Zeichen setzen wollten, haben die Architekten in Lens den Kunstwerken einen einfachen, aber würdigen Rahmen geschenkt. Nichts sollte von der Architektur erdrückt werden; stattdessen reduziert sich der bescheidene Entwurf auf die gläserne Haut und die Aluminiumflächen, welche zu einer amorphen Einheit verschmelzen. Die gelungene Übersetzung dieser minimalistischen Architektur in eine quasi unsichtbare Konstruktion und eine möglichst filigrane Dimensionierung der Elemente unterstreicht maßgeblich den schwerelosen Charakter der Baukörper. Im Dezember 2012 öffnete der Louvre in Lens schließlich für das Publikum seine Pforten. Im ersten Monat nach der Eröffnung kamen bereits 140.000 Besucher ins Museum.

*Klaus Bollinger, Manfred Grohmann,
Daniel Pfanner, Susanne Nowak*

OBJEKT
Louvre Lens
STANDORT
Lens, Frankreich
BAUZEIT
2008–2012
BAUHERR
Regionalrat Nord-Pas-de-Calais
INGENIEURE + ARCHITEKTEN
Architekten: SANAA Kazuyo Sejima & Ryue Nishizawa, Tokio
Tragwerks- und Fassadenplanung: Bollinger + Grohmann Ingenieure, Frankfurt / Paris
Beratendes Ingenieurbüro in der Vorentwurfsphase: Sasaki and Partners, Tokio
Landschaftsplanung: Catherin Mosbach, Paris
Technische Gesamtplanung: Betom Ingénierie, Corbas
Energiekonzept: Transplan Technik-Bauplanung, Stuttgart
Aluminiumpaneele: Sterec, F-Courrières

PREIS
1. Platz, internationaler Wettbewerb 2005

KRIEGSRUINE WIRD REGENERATIVES KRAFTWERK – DER ENERGIEBUNKER IN HAMBURG

1 Der Energiebunker im Sommer 2013 nach Abschluss der Gebäudesanierung
2 Öffnung der Westwand des Flakbunkers im März 2011
3 Das Bild zeigt den Zustand im Sommer 2011 nach dem Abbruch zerstörter Decken und Pfeiler und nach der Entfernung eines Großteils der Trümmer.
4 In Teilbereichen der ebenen Außenflächen des Gebäudes war der Beton besonders tief zermürbt.
5 Die Rekonstruktion der Stahlbetonstützen: Zur bauzeitlichen statischen Sicherung wurden die zerstörten Wandvorlagen mit Stahlstützen abgefangen.

Knapp 60 Jahre stand der Hochbunker in Hamburg-Wilhelmsburg nutzlos als Ruine mitten im Wohngebiet. Seit 2013 erfüllt er als regeneratives Kraftwerk, Café und Ausstellung neue Aufgaben und zeigt exemplarisch die Möglichkeiten urbaner Energieversorgung im 21. Jahrhundert.

Der Energiebunker in Hamburg-Wilhelmsburg ist eines von 60 Projekten der Internationalen Bauausstellung IBA Hamburg und war im Ausstellungsjahr 2013 mit über 100.000 Besuchern einer der attraktivsten Ausstellungsorte. Er wurde im Rahmen des Klimaschutzkonzeptes „Erneuerbares Wilhelmsburg" realisiert und trägt großen Anteil daran, die Elbinsel Wilhelmsburg zukünftig als ersten Stadtteil Hamburgs vollständig mit erneuerbarer Wärme und Strom zu versorgen. Dazu wurde das ursprünglich hermetisch abgeschlossene Militärgebäude zu einem regenerativen Kraftwerk nebst Café und Ausstellung umgebaut und für zivile Besucher nutzbar gemacht.

Der Flakbunker in Wilhelmsburg wurde 1943 nach den Plänen des Architekten Friedrich Tamms von Tausenden Kriegsgefangenen und Zwangsarbeitern in nur einem halben Jahr errichtet. Lediglich zwei der neun Etagen wurden für den Zivilschutz genutzt, der Rest militärisch, für die Bedienung der großen Geschütze in den vier Türmen auf dem Dach des Bunkers. Die Errichtung der Flakbunkeranlagen in Hamburg, Wien und Berlin wurde von den Nationalsozialisten propagandistisch groß in Szene gesetzt und als „Zeichen der Wehrhaftigkeit der Heimatfront" gepriesen. Die fast vollständige Zerstörung von Wilhelmsburg als Wohngebiet, direkt am Hamburger Hafen, wurde durch die Flaktürme jedoch nicht verhindert. Doch das Gebäude selbst hat mit seinen bis zu drei Meter dicken Stahlbetonwänden und einer vier Meter dicken Schilddecke unter den Flaktürmen mehrere Bombentreffer im Krieg nahezu unbeschädigt überstanden.

Die eigentliche Zerstörung des Gebäudes begann erst nach dem Krieg: Im Zuge der Entmilitarisierung Deutschlands wurde auch die Wilhelmsburger Bunkeranlage entfestigt. Der kleinere Leitturm, der 200 Meter südlich des großen Gefechtsturmes im Park stand, wurde 1947 gesprengt und abgetragen. Beim großen Flakbunker fürchtete man jedoch, dass die Druckwelle der Sprengung auch größere Teile der umgebenden Wohnbebauung mit zerstören würde. Daher sprengte die British Army mit 1.000 Kilogramm Sprengstoff gezielt nur die innere Tragstruktur des Bunkers mit dem Erfolg, dass sechs der neun Etagen mit den gewaltigen Stützpfeilern einbrachen oder unbrauchbar beschädigt wurden. Das Gebäude stürzte jedoch nicht ein, da die massiven Außenwände aus Stahlbeton nicht ausreichend beschädigt wurden, und blieb seither als Kriegsruine jahrzehntelang ohne nennenswerte Nutzung. Witterungseinflüsse der vergangenen 60 Jahre sind an dem

2

3

4

Gebäude jedoch nicht spurlos vorübergegangen und schädigten die äußere Hülle stark. Eindringendes Wasser ließ die Betonbewehrung rosten und unter Frosteinwirkung platzten ganze Betonschollen ab. Ein nachhaltiger Plan zur Sanierung und Nutzung des Bunkers wurde immer notwendiger.

Im Rahmen des IBA-Leitthemas „Stadt im Klimawandel" entwickelte die IBA ab 2006 schließlich ein Konzept, um den Energiebedarf der Elbinsel Wilhelmsburg weitgehend erneuerbar und vor Ort zu decken und klimaschädliche CO_2-Emissionen radikal zu reduzieren. Daraus entstanden u.a. die zwei energetischen Großprojekte „Energieberg Georgswerder" – Umwandlung der Mülldeponie Georgswerder in einen Strom produzierenden Aussichtsberg – und „Energiebunker". Beides Flächen bzw. Gebäude, die jahrzehntelang nicht für die Öffentlichkeit zugänglich waren und erheblich zum negativen Image der Elbinsel beigetragen haben.

Vor der Umwandlung des Flakbunkers zum Energiebunker musste er zunächst umfassend saniert werden. Das dazugehörige Konzept wurde 2007–2009 zusammen mit dem Energiekonzept in einer interdisziplinären Arbeitsgruppe aus Architekten, Statikern, Energieplanern und -speicherexperten unter Führung der IBA Hamburg und Beteiligung der Öffentlichkeit sowie der Hamburger Verwaltung entwickelt. Ziel war es, eine möglichst CO_2-arme und wirtschaftliche Wärmeversor-

5

6

gung unter Einbeziehung eines Großwärmespeichers für das umgebende Stadtquartier zu entwickeln. Gleichzeitig musste der seit 2001 bestehende Denkmalschutzstatus des Gebäudes beachtet werden und der Bunker selbst sollte für die Öffentlichkeit geöffnet und nutzbar gemacht werden. Über zwei Jahre hinweg wurden verschiedene Nutzungs- (z.B. Jugendhotel, Wohnen) und Energiekonzepte (u.a. reine Solarkonzepte, Großspeicher bis zu 20.000 Kubikmeter) entwickelt sowie diskutiert und hinsichtlich Wirtschaftlichkeit und Klimafreundlichkeit bewertet, bis das Sanierungs- und Energiekonzept 2009 von der IBA in den Grundzügen schließlich festgelegt wurde.

Die Sanierung des Bunkers stand unter besonderen Vorzeichen: Zum einen gab es keine verwertbaren Bauunterlagen von dem Gebäude, zum anderen konnte es in weiten Teilen wegen akuter Einsturzgefahr nicht betreten werden.

Voraussetzung für die konkrete Bauplanung war zunächst die Sicherung der noch erhaltenen Etagen 7 und 8, die durch sogenannte Dywidag-Anker an die darüber liegende vier Meter starke Schilddecke gehängt wurden. Erst danach konnte das Gebäude von den beauftragten Gutachtern betreten werden, um die Gebäudesubstanz und Bestandsstatik zu analysieren. Dabei zeigte sich, dass die Bestandsstatik trotz Zerstörung des ursprünglichen Tragwerks noch ausreichend Sicherheitsreserven für die Sanierungsarbeiten aufwies.

2011 wurde damit begonnen, eine 15×7 Meter große Arbeitsöffnung für Baufahrzeuge zu schaffen. Im Innern des Gebäudes schnitten mit langen Auslegern und Betonzangen versehene Bagger anschließend die tonnenschweren Betonbrocken von den Armierungseisen, die von der Decke der Etage 6 hingen. Auch die nicht mehr zu stabilisierende Etage 6 wurde komplett abgerissen. Danach wurden in sechs Monaten über eine eigens aufgeschüttete Rampe 25.000 Tonnen Schutt aus dem Bunker geholt und an anderer Stelle wiederverwertet.

Sechs neue Stahlbetonstützen in den ursprünglichen Abmessungen von 2×2 Metern und bis zu 28 Meter Höhe wurden in der alten Lage erstellt und an die Reststützen an der Decke angeschlossen. Das wiederhergestellte Stützenraster bestimmte die maximale Größe des geplanten Wärmespeichers, der anschließend passgenau zwischen vier Stützen gestellt wurde.

Deutlich aufwendiger als die Enttrümmerungsarbeiten und die Wiederherstellung der Standsicherheit des Gebäudes war die Sanierung der Gebäudeoberflächen. Der Stahlbeton war im Laufe der Jahrzehnte in Teilbereichen durch eindringende Niederschläge und Frost extrem mürbe geworden. Die gesamte Gebäudeoberfläche musste per Kugel- und Höchstwasserdruck-

6 „Denkmalfenster" in der Außenfassade zeigen den Zustand des Gebäudes vor der Sanierung.
7 Hocheffiziente CPC-Vakuumröhrenkollektoren mit 1.350 Quadratmetern Bruttokollektorfläche speisen bis zu 115 Grad Celsius warmes Wasser in den Großwärmespeicher ein.
8 Der Großwärmespeicher ist das Herz des Energiebunkers. Die maximale Temperaturspreizung zwischen dem untersten und dem obersten Niveau beträgt 40 Grad Celsius, die maximale Temperatur liegt bei 90 Grad Celsius.

7

8

strahlen bis zu 5 Zentimeter tief abgetragen werden, Teilbereiche sogar bis zu 50 Zentimeter. Anschließend wurde eine neue, 8 Zentimeter starke Spritzbetonfassade aufgebracht. Insgesamt 18 Monate dauerte die Sanierung der Oberflächen. 2010 konnte die IBA den neu gegründeten städtischen Energieversorger Hamburg Energie für die Realisierung des Energiekonzeptes gewinnen. Hamburg Energie begann im Sommer 2012 mit der Umsetzung und beliefert bereits seit Oktober 2012 die ersten Nachbargebäude mit Wärme.

Als sichtbarstes Zeichen der Umnutzung spannt sich die aus mehreren Kilometern Entfernung sichtbare Solarhülle über das Gebäude. Hier wird Strom sowie Wärmeenergie für das Stadtviertel produziert.

Kern des Projektes ist der Großpufferspeicher aus Stahl mit einem Fassungsvermögen von insgesamt 2 Millionen Litern. Er wird durch die Wärme eines biomethanbefeuerten Blockheizkraftwerks, einer Holzfeuerungsanlage und einer solarthermischen Anlage sowie aus der Abwärme eines nahe gelegenen Industriebetriebes gespeist. Das Wasser in seinem Inneren ist nach unterschiedlichen Temperaturen geschichtet; somit kann die Wärmeenergie auf verschiedenen Niveaus eingespeist oder entnommen werden. Aufgrund der Pufferwirkung des Speichers konnte die zu installierende thermische Erzeugerleistung von 11 auf 6,5 Megawatt reduziert werden.

9 Der fertig sanierte Energiebunker
10 Café mit Aussicht auf den Hamburger Hafen und die Hamburger City

Die Einspeisung der solarthermisch erzeugten Wärme ist jederzeit möglich.

Die Energiezentrale befindet sich im Innern des Gebäudes, in der gewaltigen Halle, die nach dem Abbruch von sechs Etagen und dem Erdgeschoss entstanden ist. Hier wird mit einer intelligenten Verknüpfung verschiedener Energieanlagen Wärme für das umgebende Reiherstiegviertel produziert und gleichzeitig erneuerbarer Strom in das Stromnetz der Hansestadt eingespeist.

2015 wird der Energiebunker im Endausbau circa 22.500 Megawattstunden Wärme und fast 3.000 Megawattstunden Strom erzeugen. Das entspricht dem Wärmebedarf von circa 3.000 Haushalten und dem Strombedarf von etwa 1.000 Haushalten. Damit wird im Vergleich zu einer konventionellen Wärmeversorgung mit Gas-Brennwertkesseln, eine CO_2-Einsparung von 95 Prozent erreicht. Doch nicht nur die Klimabilanz des Energiebunkers ist herausragend, auch die Umweltbilanz überzeugt. Durch den Einsatz einer Rauchwaschanlage werden die zulässigen Grenzwerte für Luftemissionen deutlich unterschritten.

Das Konzept der Kombination unterschiedlicher Wärmequellen mit einem Großspeicher ist weltweit einmalig und es werden an ihm wertvolle praktische Erkenntnisse über die eingesetzten Regel- und Hydrauliktechnologien gesammelt. Außerdem wird im Rahmen von Smart Power Hamburg an einer Erweiterung des Projektes geforscht. Die kostengünstige Wärmespeicherung soll hierbei auch zur Regulierung von Angebot und Nachfrage im Strommarkt genutzt werden. Im Speicher könnte zukünftig überschüssiger Windstrom aus Norddeutschland in Wärme umgewandelt (Power to Heat) bzw. in windschwachen und sonnenarmen Zeiten Wärme aus einem zusätzlichen Blockheizkraftwerk eingespeist werden, welches dann zur Stromerzeugung genutzt würde.

Der Energiebunker in Hamburg-Wilhelmsburg zeigt, wie sich Erneuerbare Energien effizient produzieren, nutzen und speichern lassen. Er demonstriert die Möglichkeiten urbaner Energieversorgung im 21. Jahrhundert und ist nicht zuletzt ein wichtiger Baustein für die deutschlandweite Energiewende.

Karsten Wessel

OBJEKT
Energiebunker
STANDORT
Hamburg-Wilhelmsburg
BAUZEIT
2011–2013
BAUHERREN
IBA Hamburg GmbH (Gebäude), Hamburg Energie (Energieversorgung)
INGENIEURE + ARCHITEKTEN
Architekten: Hegger Hegger Schleiff HHS Planer + Architekten AG (Kassel)
Statik: Prof. Bartram und Partner
Haustechnik: Pinck Ingenieure Consulting GmbH (Hamburg)
Landschaftsarchitektur: EGL (Hamburg)
Energieplanung: Hamburg Energie, Averdung Ingenieure

AUSZEICHNUNG
Europäischer Solarpreis 2013 / HHS Architekten (Eurosolar)

EIN LUFTFAHRTTERMINAL FÜR DAS JUNGE CHINA – SHENZHEN INTERNATIONAL AIRPORT TERMINAL 3

Online-Magazin für Ingenieure
aktuell ▪ unterhaltsam ▪ anders

©Wilhelm Ernst & Sohn - Verlag für Architektur und technische Wissenschaften GmbH & Co. KG ▪ Rotherstraße 21 ▪ 10245 Berlin

(906830)

Auch auf Bewehrung?

www.momentum-magazin.de

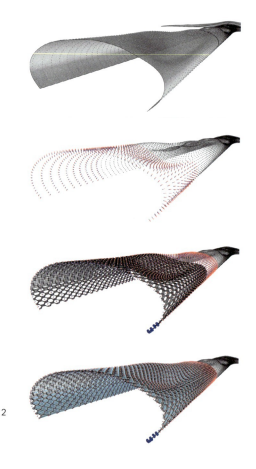

1

2

Mit dem neuen Terminal 3 des Shenzhen Bao'an International Airport ist in einer Kooperation aus den italienischen Architekten Massimiliano und Doriana Fuksas, den deutschen Ingenieuren Knippers Helbig und chinesischen Firmen ein neues Flughafen-Drehkreuz am Perlflussdelta entstanden. Aufgrund der parametrischen Organisation der Planung konnte das Terminalgebäude trotz anspruchsvollen architektonischen Konzepts in nur knapp sechs Jahren geplant, gebaut und in Betrieb genommen werden.

Shenzhen ist eine der am schnellsten wachsenden Städte unter den Metropolen am Delta des Pearl-River, der Region mit der größten Industrieproduktion weltweit. Das Bruttoinlandsprodukt wuchs seit der Schaffung der Sonderwirtschaftszone 1979 jährlich um durchschnittlich mehr als 13 Prozent. Shenzhen entwickelte sich aus einer Hafenstadt mit 300.000 Einwohnern im Jahr 1978 zu einer Metropole mit circa 10 Millionen überwiegend jungen Einwohnern (das Durchschnittsalter beträgt nur 30 Jahre) und ist damit die zehntgrößte Stadt Chinas.

Mit dem schnellen Wachstum der Region war auch die Kapazität des erst 1991 gebauten Bao'an Flughafens, der heute mit einem Transportvolumen von 500.000 Tonnen der viertgrößte Cargo-Hub in China ist, bald erschöpft. Mit den geplanten Erweiterungen soll das für 2030 prognostizierte jährliche Aufkommen von bis zu 24 Millionen Passagieren bewältigt werden. Damit wird der Shenzhen Bao'an International Airport zum viertgrößten Passagierflughafen Chinas hinter Peking, Shanghai und Guangzhou.

Aufgrund des rasanten Anstiegs des Transportvolumens und der Passagierzahlen wurde seitens der Flughafengesellschaft des Bao'an Airports bereits 2005 mit Vorbereitungen für den Neubau des Terminals 3 begonnen, der mit seiner Fläche von 450.000 Quadratmetern die alten Einrichtungen vollständig ersetzt.

Dabei hatte die architektonische Eigenständigkeit des Flughafens stets eine hohe Priorität, insbesondere im direkten Wettbewerb zu dem nur eine Autostunde entfernten Hongkonger Flughafen Chek Lap Kok vom britischen Architekten Sir Norman Foster. Daher wurde für die Gestaltung des Terminalgebäudes und der Innenräume ein Architekturwettbewerb zwischen ausgewählten international renommierten Architekturbüros ausgelobt.

In einem sich über fünf Monate und mehrere Workshops in Shenzhen erstreckenden Wettbewerb konnten sich im Frühjahr 2008 Massimiliano und Doriana Fuksas aus Rom durchsetzen. Die italienischen Architekten beschreiben den Wettbewerbsentwurf als einen „... aus dem Meere aufsteigenden Mantarochen, der sich in einen Vogel verwandelt und in die Lüfte schwingt ...".

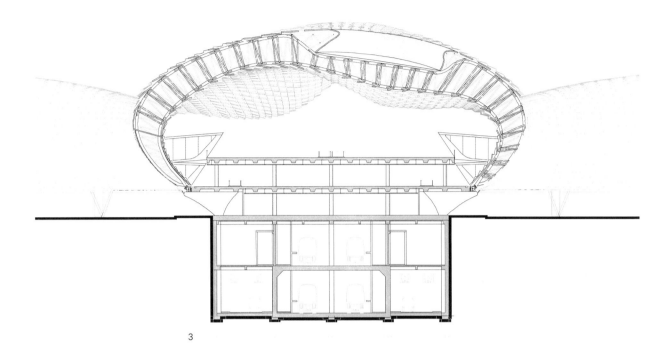

3

Neben der prägnanten Großform mit seiner Hexagon-Struktur, die schon beim Landeanflug den Zielort unverwechselbar markiert, ist der Entwurf vor allem auf ein abwechslungsreiches räumliches Erlebnis für die Passagiere ausgerichtet. So betritt der Reisende erst die 642 Meter breite Eingangshalle, die von einem leicht geschwungenen Dach in einer Höhe von bis zu 25 Metern überspannt wird. Die großzügige Halle verjüngt sich im Anschluss zum Main Concourse auf eine Breite von 45 Metern. Am Übergang zum tiefer liegenden Concourse-Level überblickt man die gesamte 1251 Meter lange Mittelachse, die durch eine stark modellierte Deckenform und die in Gruppen angeordneten, teilweise zweistöckigen Shops gegliedert ist. Die Concourses sind stützenfrei; die Raumhülle spannt bogenförmig bis zu maximal 65 Metern. Am Kreuzungspunkt zu den auf halber Länge quer abzweigenden Cross-Concourses weitet sich die Halle zu einer circa 80 Meter weiten „Piazza" auf. Hier verbindet ein großzügiger Deckenausschnitt die beiden Abflugebenen.

Von der Skizze zum parametrisch basierten Gesamtmodell

Schon in der Wettbewerbsphase wurde Studio Fuksas vom Stuttgarter Team der Tragwerks- und Fassadeningenieuren um Jan Knippers und Thorsten Helbig unterstützt. Die interdisziplinäre Zusammenarbeit, startend in den frühen Entwurfsphasen bis zur Ausführung, hatte das italienisch-deutsche Team in Projekten in Mainz (Markthaus, 2008), Frankfurt (Palaisquartier, 2009), Eindhoven (Admirant, 2009) bereits erfolgreich praktiziert.

Auch für den Flughafenterminal basierte die Zusammenarbeit anfangs auf Skizzen und Zeichnungen. In der weiteren Entwicklung wurden die auf Grundlage von Tonmodellen entwickelten, frei geformten Flächen der Außen- und Innenhaut vom Architekten mit 3-D-Scannern in ein Computermodell transformiert und im gegenseitigen Austausch weiter optimiert.

Der extrem knappe Zeitplan und die enorme Komplexität und Größe des Projekts erforderte jedoch schon bald eine weitere Optimierung der Planungstools. So wurde bereits während der Entwurfsphase ein parametrisch basiertes Gesamtmodell entwickelt. Parametrische Modelle stellen eine automatisierte Verknüpfung einzelner Kenndaten (Parameter) dar. Das für das Projekt eigens entwickelte Programm (Script) setzt auf den durch die Architekten entwickelten, frei geformten Hüllflächen im vorgegebenen Achsabstand Referenzpunkte der Panelelemente ab. Innerhalb der dadurch definierten Zelle legt dann ein geometrisch basierter Algorithmus alle weiteren Eckpunkte der Systemachsen für die transparenten und opaken Panelsegmente fest. Zwischen den Referenzpunkten der äußeren und inneren Hüllflächen ergibt sich aus den programmierten geometrischen Bezügen das dazwischen liegende räumliche

1 Baustelle des Terminalgebäudes
2 Generierung der Geometrie
3 Querschnitt

4

Tragwerk. Das Script ist somit in der Lage, basierend auf vorgegebenen Hüllflächenmodellen die vollständige Geometrie der Systemachsen des Tragwerks mit circa 200.000 Einzelstäben und der aus 60.000 Elementen bestehenden Fassade zu entwickeln. Dazu sind zirka 1,4 Millionen Datenwerte zu ermitteln und auszuwerten.

Mit diesem schnellen Werkzeug zur Generierung der Gebäudehülle konnten rasch unterschiedliche Geometrie- und Öffnungsvariationen erzeugt und analysiert werden. In mehreren Iterationsstufen konnten so die Leistungsdaten der Gebäudehülle optimiert werden.

Der Bao'an Flughafen ist damit das bislang größte Bauprojekt, das auf Basis eines parametrisch basierten Modells entwickelt und gebaut wurde. Für das Planen und Bauen der Zukunft ergeben sich durch diesen Ansatz grundsätzlich neue Möglichkeiten. Es können nicht nur bislang nicht denkbare geometrisch komplexe Strukturen und Fassaden geplant werden. Im parametrisch organisierten Gesamtmodell können statische, bauphysikalische und energetische Aspekte so verknüpft werden, dass der Algorithmus nur Lösungen zulässt, die im angestrebten Lösungsraum aller betrachteten Kenndaten liegt. Der Entwurfsprozess ist dann nicht mehr eine sukzessive Bearbeitung einzelner entwurfsbestimmender Faktoren, sondern eine Verknüpfung der Teilaspekte in einer simultanen und multikritiellen Optimierung.

Das Tragwerk

So wurde auch das Tragwerk mithilfe parametrischer Tools entwickelt. Dabei ist das Tragwerkskonzept auf einen möglichst minimalen Stahleinsatz ausgerichtet. Das Terminaldach ist als zweiachsig spannender Trägerrost konzipiert, so können die Vertikallasten im orthogonal ausgerichteten System zwischen den im Abstand von 36 Metern abgeordneten Stützen in zwei Richtungen abgetragen werden. Wie bei einem Tisch sind die Stützen biegesteif in das Dachfachwerk eingebunden und stehen gelenkig auf der Geschossebene auf. In die sich zum Fußpunkt konisch verjüngenden Stützen ist auch das Entwässerungssystem der circa 50.000 Quadratmeter großen Dachfläche des Terminaldachs integriert.

Die Segmentierung der circa 1.300 Meter Dachstruktur stellte eine besondere tragwerksplanerische Herausforderung dar. Das Stahltragwerk weist gegenüber dem Betonbau größere Längenänderungen bei Temperaturänderungen auf. Um gegenseitige Zwängungen zu minimieren, musste eine spezielle Lagerungsstrategie entwickelt werden. Hierbei waren zwei gegenläufige Optimierungsziele in Einklang zu bringen: Zum einen sollte eine möglichst unbehinderte Längsausdehnung der Stahlstruktur infolge Temperaturdehnung möglich sein. Dafür ist eine gleitende Lagerung des Daches ausgehend von einem zentralen Festpunkt am besten ge-

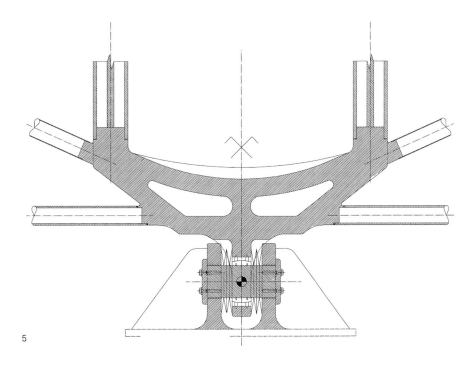

5

eignet. Zum anderen müssen bei einer hohen Horizontalbeschleunigung in Längsrichtung, wie sie bei einem Erdbeben auftreten kann, die resultierenden Kräfte auf möglichst viele Anbindungspunkte verteilt werden, um hohe lokale Lastspitzen an den Festpunkten zu vermeiden. Es wurden daher in Concourse-Längsrichtung „gefederte" Lager vorgesehen. Die Federn sind so eingestellt, dass den thermisch bedingten Längsausdehnungen nur ein geringer Widerstand entgegenwirkt, im Falle starker Horizontalbeschleunigung durch Erdbeben jedoch eine nahezu gleichmäßige Verteilung der Auflagerkräfte erreicht wird. Die dafür erforderlichen, unterschiedlich kalibrierten, degressiv eingestellten Federkennlinien werden mit Tellerfedern realisiert, die beiderseits des Lagerpunktes angeordnet sind.

Um für die architektonisch gesetzte, hexagonale Fassadenperforierung ein effizientes, zwischen die äußere und innere Hülle eingepasstes Tragwerk zu entwickeln, wurden zahlreiche Varianten untersucht. Eine den Öffnungen entsprechende, diagonale Ausrichtung des Tragwerks stellt für sich allein keine günstige Lösung dar, weil sie nicht dem direkten Lastpfad zwischen den Auflagerlinien folgt. Diese Funktion übernehmen die im Abstand von 18 Metern angeordneten Hauptbögen, die als „Zwillingsträger" ausgebildet sind. Durch die Teilung eines mittig in der Öffnung verlaufenden breiten Einzelbinders in zwei, in die Randbereiche der hexagonalen Öffnung verschobene schlanke Trägerhälften wird die Durchsicht durch die Fenster verbessert. Die im Regelabstand von 18 Metern angeordneten Zwillingsträger bestehen aus zusammengesetzten Rechteckhohlprofilen, deren Wandstärken im Hinblick auf die lokalen Beanspruchungen optimiert sind. Am Auflagerpunkt werden diese zu einem großformatigen Gussteil zusammengeführt. Durch die hohe Wiederholzahl lässt sich der hohe Aufwand für die Gussformen auf viele Teile umlegen. Daher sind diese Gussknoten günstiger herstellbar als eine aus Einzelblechen zusammengesetzte und verschweißte Lösung. Zum Zeitpunkt ihrer Herstellung gehörten diese zu den größten bis dahin in China gefertigten Gussteilen.

Die Fassade

Markantes Merkmal der frei geformten Gebäudestruktur ist die perforierte Fassadenhülle, die einen differenziert gesteuerten Tageslichteinfall ermöglicht. Wie bei einem Waldspaziergang verändern sich beim Durchlaufen ständig die Intensität des einfallenden Tageslichts und Sichtbezüge nach außen. Die fast 300.000 Quadratmeter große, frei geformte Hüllfläche besteht aus zwei Fassadenebenen mit jeweils circa 25.000 hexagonalen Öffnungen: einem äußeren Raumabschluss aus Isolierglaseinheiten und gedämmtem Paneelen sowie einer in variierendem Abstand von 2 bis 9 Metern angeordneten inneren Verblendung aus Metallpaneelen.

4 Blick auf die Baustelle
5 Gussteil als Auflager

6

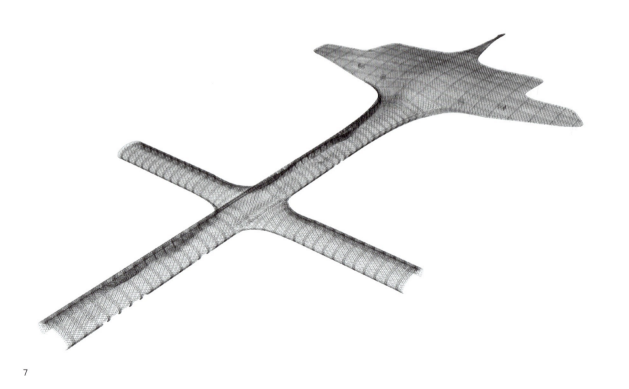

7

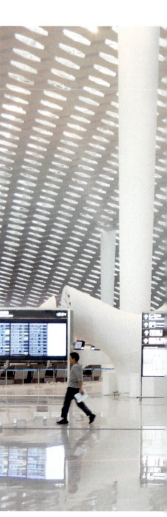

8

6 Blick über die Paneele der Fassade
7 Perspektive auf das Tragwerk mit ca. 200.000 Einzelstäben
8 „Piazza"
9 Hauptbögen als Zwillingsträger ausgebildet

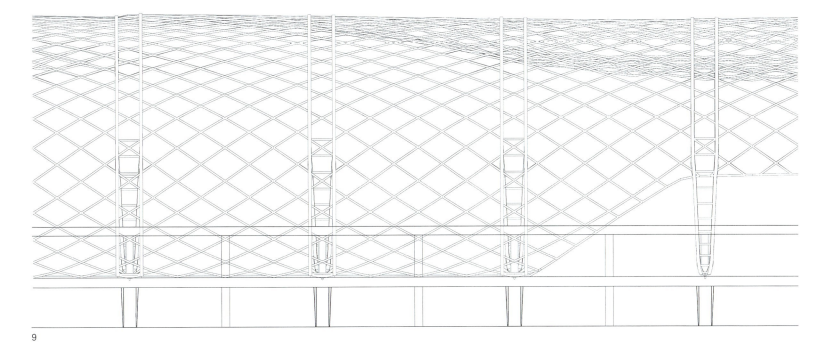
9

Shenzhen International Airport Terminal 3

10 Innenansicht
11 Luftbild des fertigen Terminals
12 Durch Tageslicht erhellter Innenraum

Für die konstruktive Ausbildung der Fassade wurden im Vorentwurfsstadium unterschiedliche Konzepte entwickelt; von vollständig vorgefertigten Elementen, die auf der Baustelle nur noch per Klickverbindung zu arretieren sind bis hin zu weniger komplexen Konstruktionen aus vorgefertigten Rahmenprofilen und vor Ort aufzubringender Dämmung und Deckblechen. Im Ergebnis wurde in Abstimmung auf die lokalen Präferenzen eine einfache Foliendachlösung favorisiert. Vor dem Hintergrund, dass für die Ausführung ausschließlich chinesische Firmen zugelassen wurden, stellt dies eine pragmatische Lösung dar. In China ist das Verhältnis von Lohn- zu Materialkostenanteil umgekehrt zu dem in Europa. Durch die niedrigen Löhne können arbeitsintensive Baustellenmontagen günstiger sein als eine logistisch und technologisch anspruchsvolle Vorfertigung von Bauteilen unter Werkstattbedingungen, wie sie in Europa meist praktiziert wird.

Planen und Bauen in China

Für Planung und Umsetzung standen insgesamt nur sechs Jahre zur Verfügung. Um ein Projekt in dieser Größenordnung und funktionalen Komplexität in solch kurzer Zeit zu realisieren, bedarf es auch entsprechender Voraussetzungen. So gibt es zum Beispiel in China ein eigenes Verfahren, um Genehmigungen für Sonderkonstruktionen zu erwirken, die nicht durch die Normung abgedeckt sind.

Während in Deutschland in diesem Fall aufwändige Zulassungsverfahren, ausführliche Prüfungen und detaillierte Gutachten zu durchlaufen sind, wird in China in solchen Fällen oft eine Expertenkommission eingerichtet, die im Interesse des Bauherrn die Umsetzbarkeit des vorgeschlagenen Entwurfs zu beurteilen hat. Die Expertenrunde setzt sich im Regelfall aus führenden chinesischen Ingenieuren aus Wissenschaft und Praxis zusammen. Sie befassten sich in den für unseren Terminalneubau einberufenen Expertenrunden mit großer Offenheit und Kompetenz mit den von uns vorgeschlagenen Lösungen und trugen so wesentlich dazu bei, dass unser in vielen Teilaspekten mit keiner Norm abdeckbare Projekt umgesetzt werden konnte.

Thorsten Helbig

OBJEKT
Shenzhen Bao'an Interrnational Airport Terminal 3
STANDORT
Shenzhen, China
BAUHERR
Shenzhen Airport Group Co. Ltd.
BAUZEIT
2008–2013
INGENIEURE + ARCHITEKTEN
Architekten: Studio Fuksas, Rom
Tragwerks- und Fassadenplanung: Knippers Helbig Advanced Engineering, Stuttgart
BAUAUSFÜHRUNG
China State Construction Corporation, Beijing

11

12

EINE WOLKE AUS STAHL, FOLIE UND LUFT – DAS BUSHOFDACH AARAU

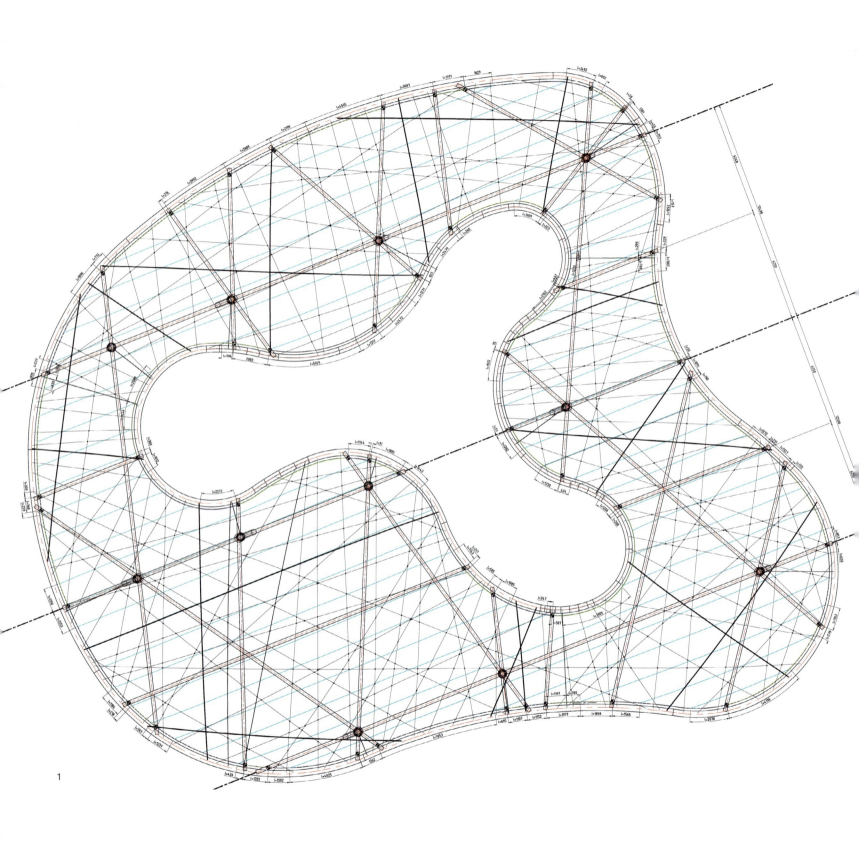

1

2

Seit Kurzem hat die Schweizer Kantonshauptstadt Aarau eine eigene Wolke: ein organisch geformtes Bushofdach mit einer teildurchsichtigen Hülle. Das Dach mit seiner mittigen Öffnung schwebt gleichsam über dem Bahnhofsvorplatz. Es ist zugleich funktionale wie skulpturale Stadtbaukunst.

Im Zuge des Bahnhofneubaus in Aarau (2008–2010) von Theo Hotz erhielt der Bahnhofsvorplatz samt Bushof sein neues urbanes Gesicht durch ein visuell federleichtes Bushofdach. Der Entwurf von Mateja Vehovar und Stefan Jauslin schafft einen Ruhepol zwischen der belebten Bahnhofstraße und dem neuen Bahnhofsgebäude. Möglich wurde dies, weil die Zufahrt zur Bahnhofsgarage in eine Seitenstraße verlegt wurde und dadurch die um den Platz verstreut liegenden Bushaltestellen vor dem Bahnhof konzentriert werden konnten. Entstanden ist ein angenehmer Ort für die Pendler, die von der Bahn auf die Busse umsteigen – sowie ein Ort für die Nachtschwärmer, der großstädtisches Flair ausstrahlt.

Amorphes Dach – leicht und schützend

Das Folienkissendach hat in der Mitte eine organisch geformte Öffnung. Der Wechsel von halbtransparenter und freier Fläche verstärkt das Gefühl, unter freiem Himmel und zugleich geschützt zu sein. Unterstützt wird die visuelle Leichtigkeit durch eine Reihe planerischer Weichenstellungen: die Verwendung durchsichtiger Folie in klar und blau mit einer fein austarierten Bedruckung; die in Bussteigrichtung leicht geneigten Stützen, die in das Kissen eintauchen und biegesteif in das innenliegende „Tischtragwerk" eingebunden sind; der ungleiche Abstand der Folien zur innenliegenden Tragstruktur; eine in die Stahlkonstruktion vollständig integrierte technische Infrastruktur für Wasser, Luft, Elektro und Sensorik sowie das über und unter dem Kissen liegende unregelmäßige Netz aus Edelstahlseilen, das den Folien die benötigte Spannweite gibt. Die multiplen amorphen Folienbäuche lösen die Großform auf. Sie sind die Träger der vielen Spiegelungen und Lichtreflexe auf der Folienhülle. Auslöser sind die in Stützenrichtung stehend angeordneten Langfeldleuchten. Die innere Tragkonstruktion ist in der Durchsicht schemenhaft zu erkennen. In der Schrägsicht lösen sich die Träger auf und das Dach gewinnt an Volumen.

Konzentration der Planung

So einfach ablesbar das Bushofdach in seiner Schichtung wirkt, es war komplex in der Planung und in der Ausführung. Es erforderte ein gleichermaßen fachkundiges wie kommunikationsstarkes Planungsteam und eine enge Abstimmung mit den Ausführenden. Vehovar & Jauslin Architektur holten deshalb frühzeitig formTL als Spezialisten für Tragwerke mit formweichen Hüllen ins Team. Die große Herausforderung war, den Entwurf

1 Überlagerung aller Ebenen in einer Zeichnung für die Montage. Es zeigt den geometrischen Bezug von Tischtragwerk, Seilen und Folienlayout.
2 Untersicht mit amorphem Seilnetz und multiplen Folienbäuchen.

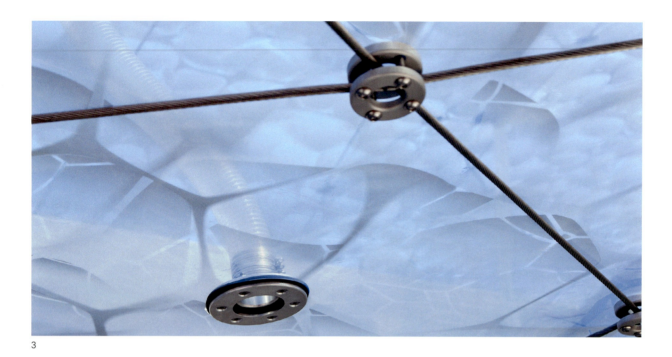

3 Der Seilknoten aus zwei Alu-Halbschalen fasst zwei 8 mm dicke Edelstahl-Spiralseile. Die großformatigen Bubble-Bedruckungen der Unter- und Oberfolie überlagern sich.
4 Semitransparente Untersicht mit Einblick in die tragende Tischkonstruktion

von Vehovar und Jauslin ohne Singularitäten ausführbar zu machen und dabei eine besondere Leichtigkeit und Filigranität herauszuarbeiten. Dies gelang, da die Planung und Realisierung auf drei Säulen ruhte: Das Planerteam unter Führung von suisseplan verfolgte konsequent das Ziel, das luftdichteste und im Betrieb sparsamste Luftkissen zu bauen. Es gab keine Verluste durch die sonst üblichen Knowhow-Transfers, da formTL umfassend mit der Tragwerksplanung, Integration der TGA, Ausschreibung, Fachbauleitung sowie Qualitätskontrolle durch den Generalplaner und für die Werkstattplanungen durch die „Arge Foliendach" beauftragt worden war.

Vergabe

Das vorgeschaltete Präqualifizierungsverfahren reduzierte den Kreis der elf Bewerber aus der Schweiz und aus Deutschland auf sechs. Die Arge Foliendach unter Führung von Stahlbauer Ruch mit Vector Foiltec setzte sich nach Preis (Gewichtung 70 %) und projektspezifischer Kompetenz (30 %) durch. Das Projekt profitierte von der Kompetenz, Zuverlässigkeit und dem Engagement der Arge.

Optimieren heißt reduzieren

Speziell bei formweichen Hüllen gilt, dass die einfachste Ausformung die beste ist. Sie ist in der Regel formschön, tragfähig, haltbar, preiswert, maßgenau zu fertigen und einfach zu montieren. Reduktion ist also das Ergebnis von Denkarbeit und die Voraussetzung für ein erfolgreiches Projekt.

Ein Beispiel: Nachdem wir (formTL) aus Gründen der Austauschbarkeit der Folien zunächst drei Luftkammern geplant hatten, die zu schwierigen Anschlüssen der Kissen untereinander im Bereich der Randträger führten, entfernten wir im Rahmen der Werkstattplanung die senkrechten Kissentrennwände, behielten aber die drei Ober- und drei Unterfolien bei und reduzierten so die Komplexität der Anschlüsse als Voraussetzung für eine saubere, einfache und luftdichte Detailausbildung. Nebenbei entstand so, mit 1.070 Quadratmeter überdachter Fläche und 1.810 Kubikmeter Luftvolumen, das derzeit weltgrößte Einkammer-Folienkissen.

Nachhaltige Stützluftversorgung

Der Bauherr ist der formTL-Empfehlung gefolgt und hat eine etwas aufwendigere, aber im Betrieb sparsame Umluft-Stützluftversorgung eingebaut. In Aarau befindet sich die Stützluftzentrale etwa 100 Meter entfernt im alten Posttunnel. Je vier druckfeste PE-Rohre unter der Fahrbahn führen Luft über die Stützen in das Kissen ein, vier weitere Leitungen führen die Kissenluft zurück in die Zentrale. Dort entfernt ein Trockner die über 2.140 Quadratmeter Kissenoberfläche eindiffundierte Feuch-

4

te und setzt das Gesamtsystem aus Stützluftanlage, Rohrleitung und Folienkissen in Abhängigkeit von der Witterung auf 300 bis 850 Pascal über Außenluftdruck. Voraussetzung für den wirtschaftlichen Betrieb ist eine quasi luftdichte Ausbildung des Daches. Im Vorfeld waren dazu mit 1:1-Versuchen an einem Testrahmen die Luftdichtigkeit der Anschlüsse getestet, optimiert und Vorgaben für die Baustellenmontage entwickelt worden.

Statik

Die Grundlage der Statik des Foliendaches ist unter anderem eine Windkanaluntersuchung mit zwölf Windrichtungen und der Schneelast von 85 kg/m². Die Kissen werden mit 300 Pascal aufgeblasen, im Lastfall Schnee erhöht sich der Innendruck automatisch auf 850 Pascal. Die Seile tragen kurzzeitig bis zu 1200 Pascal. Die Stahlkonstruktion ist vor allem für die Verformungen und den Stützenausfall durch Anprall bemessen.

Das Primärtragwerk besteht aus elf gelenkig gelagerten Stützen, die am Stützenkopf biegesteif mit der ebenen Tischkonstruktion verbunden sind. Die Träger dieser Konstruktion, Rechteck-Hohlprofile in den Abmessungen 400 × 200 Millimeter sind ebenfalls biegesteif miteinander und mit dem Randrohr verschraubt. Das Randrohr bildet den äußeren und inneren Abschluss der Tischkonstruktion und hat neben der Statik noch weitere Aufgaben: Die obere und untere Folie sind hier angeschlossen, die Seile werden hier verankert, die Entwässerungrinne und der Schneefang sind dort angeschweißt und letztendlich wird auch die umlaufende V-Blende daran befestigt. Die Geometrie und Verarbeitung der gebogenen Randrohre sind deshalb von zentraler Bedeutung. Das innere und äußere Randrohr wurde dazu in 26 Teilstücke mit individuellen Radien aufgelöst, gebogen und später überhöht eingebaut und vor Ort verschweißt.

Herstellung und Vormontage

Die Herstellung verlangte großes handwerkliches Geschick, mussten doch z.B. die Bleche der Folienanschlüsse mit den Bohrungen der separat gefertigten Klemmleisten der Folie exakt übereinstimmen. Die Geometriegleichheit der vor Ort zusammengeschweißten Folienanschlussbleche mit den zweiachsig vorgebogenen Kedernutprofilen der Kissen war ausschlaggebend für die nahezu perfekte Luftdichtigkeit.

Die Firma Ruch montierte deshalb die Tischkonstruktion komplett auf einem Richtplatz vor. Der Stahltisch wurde so geometerunterstützt geheftet und bis auf die Baustellenstöße der Randrohre final geschweißt.

Die Stützen wurden anschließend im Werk mit den konischen Stützenköpfen verschweißt.

5 Gesamtansicht

Folie, Seilnetz, Bedruckung

Das Kissen besteht aus je einer Lage Ober- und Unterfolie aus ETFE (Ethylen-Tetrafluorethylen), auf die nach dem Auftuchen passend zum Stahl gebogene und segmentierte Kedernutprofile aufgeschoben wurden, die anschließend luftdicht auf die Randträger aufgeschraubt wurden. Die Dicke der Folie beträgt aus Hagelschutzgründen 250 Mikrometer. Die Ober- und Unterfolien bestehen aus je drei Segmenten, die vor Ort miteinander verbunden wurden. Die Entwicklung und technologische Umsetzung der Bedruckung war kreative und harte Designarbeit. Das ausgeführte rapportlose Seifenblasenmuster ist so fein austariert, dass selbst an den Längsnähten das Muster durchzulaufen scheint. Das Seilnetz wurde von formTL von anfänglich radial ausgerichteten Seilen auf eine „zufällige" Anordnung der Seile geändert – was dem Gesamteindruck mit der abstrakten Bedruckung zum Vorteil gereicht. Jedes Seil hat eine andere Länge und der Seilanschluss am Randrohr einen anderen Startwinkel, was über 500 verschiedene Laschengeometrien erzeugte, die lagerichtig auf das Randrohr aufgeschweißt werden mussten. Zur Längenbestimmung der Seile wurde die exakte pneumatische Kissenform mit allen Folienbäuchen nachgebildet. Die Fertigungszeichnungen definieren nicht nur die Länge, sondern auch die Position der Knoten auf den Seilen, damit ein Seilnetz entsteht, dessen Seile ohne Knicke von Randrohr zu Randrohr spannen.

Gerüst und Kran

Besonderes Augenmerk wurde schon in der Ausschreibung auf das Montagekonzept gelegt. Die Arge Foliendach entschied sich bereits in der Angebotsphase für den Einsatz eines Flächengerüstes, das den ganzen Bereich des Daches, also ca. 1500 Quadratmeter, abdeckte. Dies erlaubte ein paralleles Arbeiten am und unter dem Dach bei laufendem Verkehr, da ein Teil des Daches über der vielbefahrenen provisorischen Spur der Bahnhofstraße montiert wurde. Als Herausforderung erwies sich bei dieser Variante der Einsatz von Hebemitteln. Eine besondere Lösung auch hier. Die Öffnung des Daches in der Mitte wurde für einen mobilen Baukran genutzt. Dieser wurde so genau platziert, dass er nach Abschluss der Montage gefaltet und durch das fertige Dach herausgefädelt werden konnte. Die Gerüstplattform in 5 Meter Höhe nahm Rücksicht auf die Fahrspuren zwischen den Bussteigen, sodass während der gesamten Dachmontage 3 Meter breite Fahrspuren für die anderen Gewerke zur Verfügung standen.

Montage und Bestätigung der Luftdichtigkeit

Der Stahltisch wurde auf die durch die Plattform durchgesteckten Stützen 2 Meter über dem Gerüst montiert und biegesteif mit HV-Schraubensätzen verschraubt. Danach wurden die Randrohre an den Tisch geschraubt und nach Maßkontrolle und Ausrichten miteinander ver-

schweißt. Die oberen und unteren Folien wurden in je drei Segmenten angeliefert. Die Montage der bis zu 350 Quadratmeter großen Einzelfolien war für die mit Membranen erfahrene Montagecrew neu, aber dank der speziellen Faltpläne beherrschbar. Diese verhinderten, dass sich bei Transport, Lagerung und Einheben Knicke in die Folie einprägten und ermöglichten so, dass die Folien lagerichtig eingehoben und aufgefaltet werden konnten. Nach der Montage der Oberfolie wurden die oberen Seile einzeln eingehoben, montiert und miteinander verbunden. Schön zu sehen war, dass bei den danach montierten unteren Folien und Seilen die Hängeform der Folie und das weiter unten liegende Seilnetz die spätere Geometrie des aufgeblasenen Kissens bereits vorwegnahmen.

Die wichtigste Aufgabe der Folienmonteure war die faltenfreie und luftdichte Montage der Folie. Das setzte voraus, dass viele Faktoren stimmten: eine fehlerfreie Werkstattplanung, eine korrekte Stahlgeometrie mit den dazu passenden Randprofilen, eine verkleinerte Herstellung der Foliensegmente mit auf die Materialcharge abgestimmten Kompensationsfaktoren und eine lagerichtige und dehnungslose Montage der Folien.

Der Aufblastermin wurde mit Spannung erwartet und von allen Projektbeteiligten begleitet. Da das Kissen mit allen acht Luftleitungen zugleich mit Luft befüllt wurde, dauerte das Aufblasen bis zum Betriebsdruck nur eine Stunde. Die anschließenden Tests belegten die Luftdichtigkeit bei allen Betriebsdrücken. Und das bei knapp 500 Meter Dichtanschluss von Folie zu Stahl und 500 Meter erdverlegten Luftleitungen! Das erste Betriebsjahr bestätigt die Ergebnisse der Dichtigkeitsprüfungen. Das Dach benötigte lediglich Strom im Wert von 1 EUR/m² überdachter Fläche.

Ausstellung „Bauen mit Luft"

Bereits unmittelbar nach seiner Inbetriebnahme wurde das Bushofdach als Exponat in die Werkschau „architekur 0.13" in Zürich aufgenommen. Vom 26. April bis 27. Juli 2014 war das Bushofdach in der Ausstellung „Bauen mit Luft" in Verbindung mit einer Retrospektive „10 Jahre formTL im Luftmuseum Amberg" zu sehen.

Gerd Schmid, Reinhard Nietschke

OBJEKT
Bushofdach Aarau
STANDORT
Aarau, Schweiz
BAUZEIT
03–07/2013
BAUHERR
Stadt Aarau Stadtbauamt (CH)
INGENIEURE + ARCHITEKTEN
Generalplaner und Massivbauplaner: suisseplan Ingenieure AG, Aarau (CH)
Architekt: Vehovar & Jauslin Architektur AG, Zürich (CH)
Tragwerkplanung, Ausschreibung, Werkstattplanung, Fachbauleitung: formTL, Radolfzell
Lichtplanung: Atelier Derrer, Zürich (CH)
Bedruckungsdesign: Stefan Jauslin mit Paolo Monaco, Zürich (CH)
Windkanal: Wacker Ingenieure, Birkenfeld
BAUAUSFÜHRUNG
Arge Foliendach mit Ruch AG Altdorf (CH) und Vector Foiltec GmbH, Bremen (DE)
Stützluftanlage: Elnic GmbH, Rosenheim
Seile+Knoten: Top-Line Seilbauwerke GmbH & Co.KG Heibronn

LEISTUNGSFÄHIGE VERKEHRSADER UNTER DER MESSESTADT – DER CITY-TUNNEL LEIPZIG

1 Übersichtsplan
2 Verlauf des Tunnels unter der Leipziger Innenstadt

Mit der Inbetriebnahme des City-Tunnels Leipzig wurde Ende 2013 eines der größten und komplexesten innerstädtischen Infrastrukturvorhaben Deutschlands abgeschlossen. Fast jedes Verfahren des Spezialtiefbaus war beim Bau zum Einsatz gekommen.

Der City-Tunnel Leipzig ist der zentrale Baustein in der Neuordnung des Nahverkehrssystems im Großraum Leipzig. Er unterquert das Zentrum der Messestadt vom Bayerischen Bahnhof bis zum Hauptbahnhof und bündelt alle Nahverkehrslinien. Mit seiner Inbetriebnahme konnten sowohl die Anbindung der gesamten Region an die Stadt als auch die verkehrliche Erschließung der Stadt selbst wesentlich verbessert werden. Der Flughafen Halle/Leipzig, das nähere Umland sowie die nächsten Oberzentren Halle, Zwickau und Bitterfeld werden unmittelbar mit der Innenstadt verbunden. Dichtere Taktfolgen und kürzere Fahrzeiten sind dadurch möglich. Davon profitiert auch der überregionale Verkehr.

Vorgeschichte

Bereits Mitte des 19. Jahrhunderts war Leipzig an das Eisenbahnnetz angebunden und hatte sich schon zum Eisenbahnknotenpunkt entwickelt. Die beiden wichtigsten Stationen, Hauptbahnhof und Bayerischer Bahnhof, wurden Anfang des 20. bzw. Mitte des 19. Jahrhunderts als Kopfbahnhöfe erbaut. Im Laufe der Zeit erwies sich allerdings das Fehlen einer Verbindung zwischen ihnen als Nachteil. Daher gab es in den vergangenen Jahrzehnten immer wieder Vorschläge für die Herstellung der Nord-Süd-Verbindung. Dabei wurden verschiedene Tunnelvarianten diskutiert, um die Innenstadt nicht mit einem überirdischen Schienenstrang zu durchschneiden. Doch erst mit dem City-Tunnel wurde diese Idee nun umgesetzt. Im Juli 2003 begannen die ersten bauvorbereitenden Maßnahmen und im Dezember 2013 wurde der Tunnel in Betrieb genommen.

Bauherren des City-Tunnels waren der Freistaat Sachsen und die Deutsche Bahn AG, wobei die Stadt Leipzig, die sich ebenfalls an der Finanzierung beteiligte, bei allen wichtigen Entscheidungsprozessen einbezogen wurde. Zu den Geldgebern gehörten darüber hinaus die Europäische Union und die Bundesrepublik Deutschland. Das Projektmanagement für den Tunnelbau, den Rohbau und den kompletten Ausbau der Stationen lag bei der DEGES GmbH, Berlin.

Bauweise und Verlauf

Die Gesamtlänge des Projektes beträgt 5,3 Kilometer, wobei allein die beiden Tunnelröhren einschließlich der Tunnelrampen Süd, Nord und West sowie der Stationen zusammen etwa 4 Kilometer lang sind. Das Projekt wurde teils in offener und teils in geschlossener Bauweise realisiert. Die offene Bauweise ist eine übliche Bauart für innerstädtische Tunnel, wobei im Schutze seitlicher

Verbauwände eine Baugrube ausgehoben wird, in der anschließend der Tunnel hergestellt wird. Im Gegensatz dazu versteht man unter geschlossener Bauweise den Bau eines Tunnels unter Tage – in diesem Fall zum einen mithilfe einer Tunnelvortriebsmaschine, zum anderen im Vortrieb mittels bergmännischer Methoden. Die vorgesehene Lage der Haltestellen bestimmte im Wesentlichen die Streckenführung des City-Tunnels. Hinzu kamen die baulichen und verkehrlichen Gegebenheiten der Stadt Leipzig und die Berücksichtigung umweltrelevanter Aspekte.

Die Baustrecke beginnt am oberirdischen Haltepunkt „MDR" mit dem südlichen Abtauchbereich des Tunnels, bestehend aus einer Rampe im Trog und einem Rechtecktunnel, der in offener Bauweise realisiert wurde. Dieser verläuft bis zum Südkopf der Station „Bayerischer Bahnhof" (Bilder 1 und 2). Der sich anschließende Tunnel unter der Innenstadt wurde zweiröhrig im Schildvortrieb bis zum Hauptbahnhof aufgefahren. Die Stationen „Bayerischer Bahnhof", „Wilhelm-Leuschner-Platz" und „Markt" wurden in offener Bauweise hergestellt. Weiter in nördlicher Richtung wurde der Leipziger Hauptbahnhof bergmännisch unterfahren.

Die Stationen des City-Tunnels

Beim Bau der Stationen wurde hauptsächlich die Wand-Deckel-Bauweise eingesetzt. Dabei wurden zunächst die Seitenwände mit dem Schlitzwandverfahren und anschließend die Decke des Bauwerks hergestellt. Der Ausbau der Stationen erfolgte dann innerhalb dieser Konstruktion, sodass der Stadtraum oberhalb bereits nicht mehr beeinträchtigt war.

Station „Bayerischer Bahnhof"
Der Bayerische Bahnhof gilt als der älteste erhaltene Kopfbahnhof der Welt. Durch die neu gebaute Station ist er nun der wichtigste Verkehrsknoten im Leipziger Süden. Großzügig gestaltete Lichträume lassen das Tageslicht bis auf den Bahnsteig in 20 Metern Tiefe. Die Wände hinter den Gleisen sind mit großformatigen Aluminiumtafeln verkleidet, in die etwa in Augenhöhe ein waagerechtes Farblichtband integriert ist, das in Abhängigkeit von einfahrenden Zügen in wechselnden Farben leuchtet (S. 80/81). Ein wesentliches Gestaltungselement sind die scheinbar zufällig angeordneten farbigen Streben im Bereich der Treppen, von denen manche statisch wirksam und andere lediglich Lichtkörper sind.

Station „Wilhelm-Leuschner-Platz"
Von der Station „Wilhelm-Leuschner-Platz" aus können viele öffentliche Einrichtungen des südlichen Stadtzentrums wie Oper, Gewandhaus, Universität und Bundesverwaltungsgericht leicht erreicht werden. Das Innere der Station ist durch ca. 130.000 Glasbausteinelemente geprägt, die von hinten mit etwa 700 Leuchten ange-

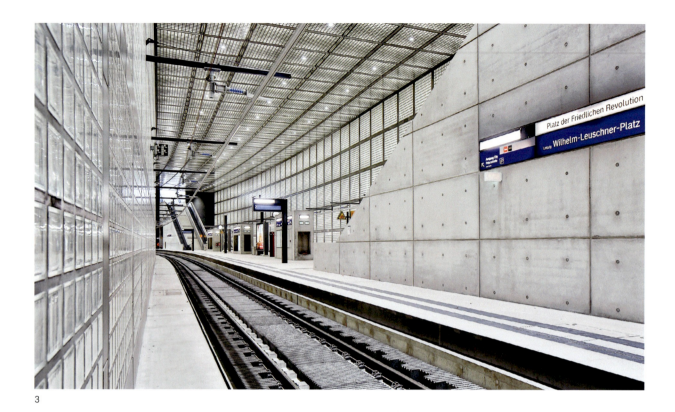

strahlt werden, wodurch der Eindruck von Tageslicht entsteht (Bild 3). Die unterirdische Haltestelle erhielt 2013 den Architekturpreis der Stadt Leipzig zur Förderung der Baukultur.

Station „Markt"
Die Station „Markt" erinnert in ihrer Gestaltung an eine für die Leipziger Innenstadt typische Passage. Die Fassade der Längswände besteht aus Terrakottaplatten, die Stationsköpfe und die Betriebsräume auf dem Bahnsteig sind mit einer Fassade aus Terrakottastäben verkleidet (Bild 4). Der südliche Zugang zur Station besteht aus dem original erhaltenen bzw. wieder aufgebauten Eingang zum ehemaligen Untergrundmessehaus aus dem Jahr 1925 (Bild 5). Bei Baubeginn wurden die massiven Natursteinblöcke mit ihren attraktiven Art-Déco-Elementen vollständig demontiert, denkmalgerecht instandgesetzt und schließlich als Eingangselemente in den Stationsbau integriert.

Station „Hauptbahnhof"
Am Hauptbahnhof entstand die zentrale Schnittstelle zwischen dem neuen mitteldeutschen S-Bahn-Netz und dem Fernverkehr. Der 215 Meter lange Bahnsteig der City-Tunnel-Station liegt unter dem westlichen Bereich des Hauptbahnhofs und ist über zwei Atrien zu erreichen. Das ‚Große Atrium' verbindet über Treppen und Aufzüge die unterirdische mit der oberen Verkehrsstation (Bild 6). Da es sich innerhalb der Bahnhofshalle befindet, sorgt es für Helligkeit im unterirdischen Bereich der Station; moderne Leuchtkörper ergänzen das einfallende Tageslicht. Das ‚Kleine Atrium' befindet sich außerhalb des Bahnhofsgebäudes unter dem Bahnhofsvorplatz. Ein Fußgängertunnel stellt die Verbindung zu den naheliegenden Straßenbahnhaltestellen und zur Innenstadt her.

Herausforderung City-Tunnel Leipzig

Herausragende Ereignisse waren für die Projektmanagementgesellschaft DEGES der Einsatz der Tunnelvortriebsmaschine, die bergmännische Unterfahrung des Hauptbahnhofs im Schutze einer Baugrundvereisung sowie der Verschub des Portikus' am Bayerischen Bahnhof.

Tunnelvortriebsmaschine „Leonie"
Die Tunnelbohrmaschine wurde speziell für die technischen und geologischen Anforderungen des Projektes entwickelt und hatte eine Länge von 65 Metern sowie einen Durchmesser von 9 Metern. Das Schneidrad am Kopf der Maschine wurde entsprechend den Bodenverhältnissen mit den unterschiedlichsten Werkzeugen ausgestattet. Für die bindigen, nichtbindigen und gemischt-körnigen Böden, Findlinge, verkohlten Baumstämme, Kohle und kohlehaltigen Lagen sowie Quarzitbänke wurden insgesamt 234 Werkzeuge installiert.

3 Station „Wilhelm-Leuschner-Platz"
4 Station „Markt"
5 Station „Markt", Historischer Zugang

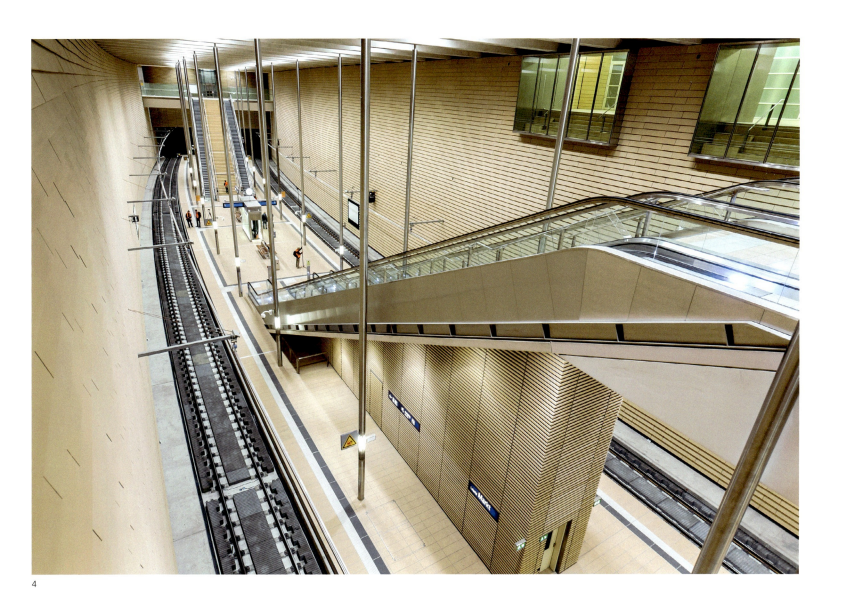

4

5

6 Station „Hauptbahnhof"
7 Station „Bayerischer Bahnhof", Historischer Portikus

Die Maschine arbeitete als Hydro-Mixschild. Bei diesem Vortriebsverfahren wird eine Stützflüssigkeit (in diesem Fall Bentonitsuspension) mit Überdruck in den Raum zwischen Maschine und Erdreich gepumpt, um zu verhindern, dass der umgebende Boden während des Abbauprozesses nachrutscht oder Grundwasser eindringt. Die Tunnelvortriebsmaschine übernahm neben dem eigentlichen Auffahren des Tunnels auch den Ausbau des Tunnels mit Tübbings. Diese Betonfertigteile wurden im Inneren der Maschine zu etwa 1,8 Meter breiten Ringen zusammengesetzt und bildeten so Stück für Stück die Tunnelröhre. Anfang 2007 wurde die Bohrmaschine mit einer bergmännischen Zeremonie eingeweiht. Dabei taufte sie Prof. Angelika Meeth-Milbrath, die Ehefrau des damaligen sächsischen Ministerpräsidenten, auf den von den Leipzigern gewählten Namen „Leonie". Im Herbst 2008 erreichte sie ihr Ziel – den Leipziger Hauptbahnhof.

Unterfahrung des Hauptbahnhofs im Schutze einer Baugrundvereisung

Die Unterfahrung des Westflügels des historischen Bahnhofsgebäudes stellte in technischer Hinsicht eine der größten Herausforderungen des gesamten Projektes dar. Sie wurde unter uneingeschränktem Publikumsverkehr in sämtlichen Geschossen des Gebäudes durchgeführt. Dabei wurden zwei ungewöhnliche Ingenieurverfahren eingesetzt. Auf einer Länge von ca. 90 Metern wurden durch künstliches Gefrieren zwei unterirdische Wände aus vereistem Boden hergestellt, die Erd- und Wasserdruck aufnahmen. Sie hatten eine Dicke von drei bis vier Metern und reichten bis in eine Tiefe von zirka 25 Meter unterhalb der Bodenplatte des Bahnhofsgebäudes, um weit genug in die dort vorhandene wasserdichte Bodenschicht (Muschelschluff) einzubinden. So konnten zwischen den Vereisungswänden der Tunnel und die Station im Trockenen hergestellt werden. Die Bodenplatte des Hauptbahnhofs war bereits bei der Sanierung 1996/97 für diesen Fall bemessen und hergestellt worden.

Im Zuge des Aushubs wurden einige Gründungspfähle des Bahnhofsgebäudes auf bis zu zwei Dritteln ihrer wirksamen Einbindelänge freigelegt. Da die Pfähle nicht nur über ihre Spitze, sondern auch über ihre Mantelfläche Lasten abtragen, verringerte diese Freilegung die Tragfähigkeit. Um dies zu kompensieren, wurden die Pfähle im Fußbereich durch Einpressen einer Zementsuspension in den umgebenden Boden ertüchtigt. Auftretende Setzungen der Pfähle wurden durch hydraulische Pressen zwischen den Pfählen und der Bahnhofssohle ausgeglichen.

Verschub des historischen Portikus

Der historische, denkmalgeschützte Portikus gehört zum Ensemble des Bayerischen Bahnhofs (Bild 7). Das 30 Meter lange, 20 Meter hohe und 2.800 Tonnen schwere Bauwerk wurde im Zuge des Projektes zwei-

mal verschoben. Am 10. April 2006 war es um 30,5 Meter in Richtung Osten versetzt worden. Dies war nötig, um Platz für den Bau der neuen City-Tunnel-Station zu schaffen. Am 30. Oktober 2009 wurde das Bauwerk dann in seine ursprüngliche Position zurückbewegt.

Für den Verschub war das Fundament des Portikus' mit einem neuen Betonrahmen umfasst und mit Stahlträgern in diesem verankert worden. An seiner Unterseite wurden 24 hydraulische Pressen installiert, die das gesamte Bauwerk um etwa fünf Millimeter anhoben. Als Verschubbahn diente ein Stahlbetonfundament, das zum Teil auf Bohrpfählen gegründet war.

Öffentlichkeitsarbeit

Bereits in einer sehr frühen Phase des Projektes wurde großer Wert auf eine kontinuierliche Information der Bürger und Medien gelegt. Schon zu Baubeginn errichteten die Bauherren eine „Infobox", in der sich Besucher anhand von Broschüren und Flyern, Modellen der künftigen Stationen und der Tunnelvortriebsmaschine „Leonie" sowie mit einer virtuellen Tunneldurchfahrt umfassend informieren konnten. Zudem konnten die Mitarbeiter der „Infobox" alle Fragen rund um das Bauprojekt kompetent beantworten. Fünf Mal wurde zu sogenannten Tagen der offenen Baustelle eingeladen – jedes Mal mit einer enormen Resonanz und mehreren zehntausend Besuchern. Dieses Kommunikationskonzept hat entscheidend zur hohen Akzeptanz des City-Tunnels Leipzig sowohl in der Stadt Leipzig selbst als auch in der Region beigetragen. Inzwischen ist das mitteldeutsche S-Bahn-Netz mit dem neuen Leipziger City-Tunnel bei den Kunden das beliebteste in ganz Deutschland, so das Ergebnis einer aktuellen Zufriedenheitsbefragung der Deutschen Bahn.

Fazit

Durch die Inbetriebnahme des Tunnels hat sich auf einigen Strecken des Mitteldeutschen S-Bahn-Netzes die Gesamtfahrzeit um bis zu 40 Minuten reduziert. Der öffentliche Nahverkehr hat an Attraktivität gewonnen, sodass (laut Prognose) 47 Mio. Pkw-Kilometer jährlich vermieden werden. Das entspricht CO_2-Einsparungen in der Größenordnung des Ausstoßes von 200 Durchschnittshaushalten in Deutschland. Außerdem werden Lärm- und Feinstaubemissionen in der Leipziger City erheblich reduziert.

Andreas Irngartinger, Karl-Heinz Aukschun

OBJEKT
City-Tunnel Leipzig
STANDORT
Leipzig, Deutschland
BAUZEIT
2003–2013
BAUHERR
Freistaat Sachsen, Deutsche Bahn AG
PROJEKTMANAGEMENT
DEGES GmbH (Projektmanagement Projektteil Sachsen)
BAUAUSFÜHRUNG
Alpine Bau Deutschland, DYWIDAG, Ed. ZÜBLIN AG, Grund- und Sonderbau GmbH, MATTHÄI Bauunternehmen, Oevermann, Strabag, Wayss & Freytag Ingenieurbau

GRAZILES LEICHTGEWICHT – ERBASTEG, LANDESGARTENSCHAU BAMBERG

1 Yacht „Jo", festgemacht am Ufer „Riva die sette martiri", Venedig. Montage aus zwei gespiegelten Bildhälften
2 Pont d'en Gómez in Girona

Der Erbasteg Bamberg beeindruckt zum einen durch seine Schlankheit und zum anderen durch seine zwar kurze, aber ereignisreiche statisch-konstruktive Geschichte.

Zwischen dem Erbasteg, der dieses Jahr mit dem Brückenbaupreis ausgezeichnet wurde, und der Bamberger Kettenbrücke gibt es einige Querverbindungen. Bamberger wissen um die Zusammenhänge – andere nicht ohne Weiteres: Beide Brücken stammen aus einem „Stall" und sie liegen Luftlinie gut einen Kilometer voneinander entfernt. Dass und was sie miteinander zu tun haben, sieht man ihnen allerdings nicht an. Der Zusammenhang erschließt sich nur, wenn man einen Blick auf den Bauprozess wirft. Dazu später mehr.

Die Konstruktionen jedenfalls könnten kaum unterschiedlicher sein. Bei der einen wurde das Prinzip Kettenbrücke mit modernen Materialien neu formuliert. Die andere hat eher mit Schiffbau als mit herkömmlichem Brückenbau zu tun. Auch wenn der Bug einer Luxusyacht nicht ganz so schlank und elegant daherkommt, eine prinzipielle Ähnlichkeit mit dem Erbasteg ist nicht zu übersehen (Bild 1).

2002 bekam die Stadt Bamberg den Zuschlag für die Landesgartenschau 2012 – und damit die Chance, das seit Längerem brachliegende Gelände der Erlanger Bamberger Baumwollspinnerei und -weberei (Erba) zu revitalisieren. Den dafür 2007 ausgelobten Ideen- und Realisierungswettbewerb gewann das Landschaftsarchitekturbüro Brugger. Nach dessen Plänen durchschlängelt der „Fischpass" das Gelände – ein natürlich anmutender, de facto künstlich angelegter, der Rinne eines Regnitz-Altarms folgender Bach. Sechs von Johann Grad entworfene Brücken queren den Wasserlauf. Den eindrucksvollsten Auftritt hat der Erbasteg. Nahe der Abzweigung von der Regnitz schwingt er sich mit einer Spannweite von 48 Metern über den Fischpass.

Ich kenne nur eine Fußgängerbrücke, die im Scheitel ähnlich aufregend dünn ist: die Pont d'en Gómez in Girona, sie wurde 1916 (!) nach Plänen des Architekten Luis Holms in Stahlbeton errichtet. Sie ist allerdings so schmal, dass tatsächlich nur Fußgänger passieren können (Bild 2). Der Erbasteg und die anderen Bamberger Gartenschaubrücken sind hingegen so bemessen, dass sie im Notfall auch von Einsatzfahrzeugen befahren werden können.

Der Landesgartenschau-Rummel (26. April bis 7. Oktober 2012) ist längst vorbei. Was blieb, ist ein erfolgreich zur Parklandschaft umgestaltetes Industriebrachland. Dass man eine Gartenschau dafür instrumentalisiert, ist nichts Ungewöhnliches. Dass dafür die Landschaft neu modelliert wird und einige anmutige Brücken gebaut werden, ebenfalls nicht (siehe LGA Pforzheim 1992, IGA Rostock 2003).

3

4

Die drei Fußgänger- und drei Straßenbrücken sind, konstruktiv miteinander verwandt, als Brückenfamilie entstanden. Der Erbasteg ist der am weitesten gespannte. Er wurde zuvor etwas modifiziert bereits an anderer Stelle in Bamberg verwendet – und zwar als Brückenprovisorium. Während der Bauzeit der Kettenbrücke diente der Erbasteg ab März 2009 als Behelfsbrücke, um wenigstens den Fußgängern die Überquerung des Main-Donau-Kanals zu ermöglichen.

Normalerweise sieht so etwas so grobschlächtig aus, wie es das Wort Behelfsbrücke nahelegt. In diesem Falle nicht. Zum Glück konnten die Stadtväter davon überzeugt werden, den Behelf gleich mit Blick auf eine mögliche Zweitnutzung zu bauen. So kamen die Bamberger erstens zu einem ungewohnt eleganten Notbehelf und zweitens zu einer schlanken Fußgängerbrücke zur Erschließung des Erba-Geländes. Als die Kettenbrücke (Tragwerksplanung ebenfalls Grad Ingenieurplanungen, komplette Objektplanung ebenfalls Architektur Büro Dietz) fertig und für den Verkehr freigegeben war, musste die Hilfsbrücke nur noch in zwei Teile zerlegt, zur Erba-Halbinsel transportiert und dort von Autokränen aus wieder aufgebaut werden.

Die Jury des Deutschen Brückenbaupreises 2014 stellte fest: „Ein sehr innovatives Beispiel für nachhaltiges Bauen. Die äußerst filigrane und elegante Konstruktion, optimiert für den zweifachen Einsatz, und der damit vorhandene Systemwechsel der Statik zeugen von außerordentlichem Geschick."

Als Behelf mit einer Spannweite von 60 Metern überbrückte die Stahlkonstruktion als provisorisch mittig unterspannter Einfeldträger den Main-Donau-Kanal. Bei der dauerhaften „Zweitverwendung" als Erbasteg handelt es sich um ein integrales System mit beidseitiger Einspannung der je sechs Meter langen Endfelder, deren auf Bohrpfählen gegründete Stahlbeton-Auf- bzw. Widerlager nahezu unsichtbar in die Uferzonen integriert wurden.

Die Konstruktion

Bei der Konstruktion des Erbasteges wurde mit ganz normalem Stahl gearbeitet, keineswegs mit Hightech-Materialien – weder mit GFK noch mit Karbonfaserwerkstoffen. Das Prinzip der Konstruktion ist ganz einfach. Nummer eins: Man nehme zwei Auflager und spanne das Tragwerk fest ein. Dass sich die Schlankheit dadurch signifikant beeinflussen lässt, weiß man noch aus der Statikvorlesung ($q \cdot l^2/8$ versus $q \cdot l^2/24$). Nummer zwei: Man füge das Tragwerk – wie beim Schiffbau – aus Schotten, Spanten und Planken zusammen und verschweiße den Korpus. Nummer drei: Der Baugrund muss dafür geeignet sein. In Bamberg ist das der Fall. Auf Venedigs modrigen Baugrund ließe sich das Konstruktionsprinzip des Erbastegs kaum übertragen.

3 Ponte della Costituzione in Venedig
4 Altmühlsteg in Eichstätt
5 Straßenbrücke von Johann Grad in Vohburg
6 Steg als Bauzeitprovisorium
7 Erbasteg im Endzustand

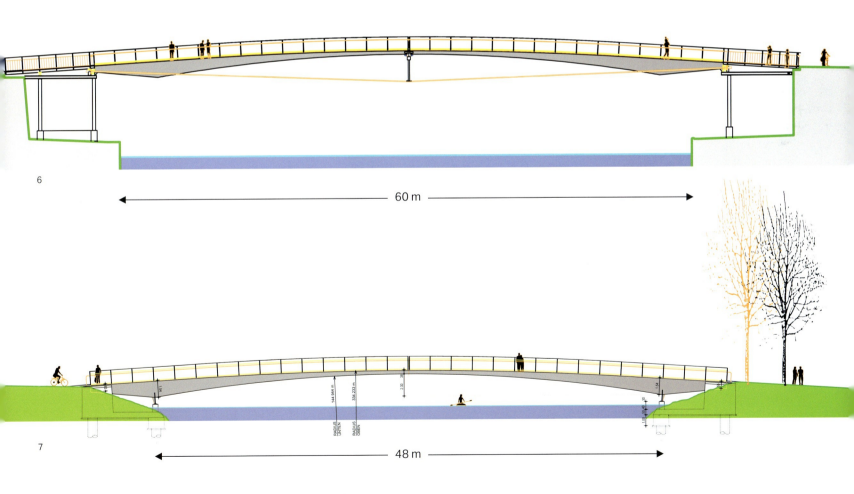

8

9

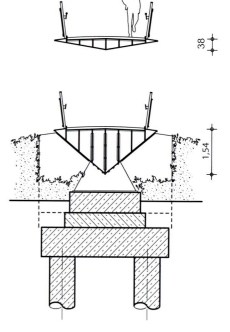

10

8 Erbasteg über den Fischpass
9 Einsatz des Überbaus als Provisorium
10 Querschnitte des Erbastegs in Brückenmitte und an der Einspannung
11 Der Erbasteg mit Festbeleuchtung

11

Santiago Calatrava wird davon ein Lied zu singen wissen. Die Auflager der 94 Meter weit gespannten Fußgängerbrücke („Ponte della Costituzione"), die er 2007 über den Canale Grande baute, haben sich seither um rund fünf Zentimeter verschoben (Bild 3).

Die Bamberger Gartenschaubrücken sind einander vom Typus her sehr ähnlich, sie unterscheiden sich lediglich hinsichtlich der Dimensionen, der Tragfähigkeit und einiger Details der Ausführung. Der (von Johann Grad entwickelte) Prototyp so eines integralen Systems mit beidseitiger Volleinspannung quert als Fußgängerbrücke die Altmühl in Eichstätt (Bild 4). Der Altmühlsteg geht auf einen 2007 gewonnenen Wettbewerb zurück und war beim Brückenbaupreis 2010 unter den Nominierten.

Die Volleinspannung wird durch schräggestellte Stabverpresspfähle gewährleistet, die auf Zug und Druck beansprucht werden. Die statisch wirksame Höhe des im Schnitt dreieckigen Brückentragwerks kann durch die Einspannung in Feldmitte extrem gering gehalten werden. Entsprechend dem Zuwachs der Biegemomente nimmt die Brückendicke zum Auflager hin kontinuierlich zu. Für die Fußgängerbrücken wurden Stahlelemente mit einer Blechdicke von 12 Millimetern luftdicht zu einem torsionssteifen Tragwerk verschweißt. Die äußerlich ebenso aussehenden Straßenbrücken unterscheiden sich durch eine verborgen bleibende statische Besonderheit von den Fußgängerbrücken: Sie wurden als Stahlverbundbrücken ausgeführt. Die in diesem Fall 20 Millimeter dicken, seitlichen Flanken des Tragwerks werden mit aufgeschweißten Kopfbolzen zur Verbundwirkung herangezogen. Das V-förmige Stahlelement wurde im Werk hergestellt. Es dient zugleich als Schalung für den Aufbeton. Kombiniert mit beidseitiger Volleinspannung ermöglicht der Flächenverbund sogar für eine 60-Tonnen-Belastung eine extrem schlanke Ausführung. Die 16 Meter überspannende Straßenbrücke zum Beispiel hat in Feldmitte eine Bauteildicke (Stahlblech plus Beton) von 25 Zentimeter, das heißt, sie ist mit l/64 ungewöhnlich schlank. Für Bauwerke dieser Art waren früher Zulassungen im Einzelfall erforderlich, aber inzwischen ist die Bauweise in den DIN-Fachberichten geregelt und zugelassen.

So lassen sich auch Straßenbrücken mit deutlich größerer Spannweite realisieren. Ein Musterbeispiel konnte Johann Grad in Vohburg realisieren (Bild 5). Leider kann er die Erfolgsgeschichte seiner innovativen Bauweise nicht mehr persönlich weiter vorantreiben. Er ist am 18. August 2013 bei einem Verkehrsunfall ums Leben gekommen.

Matthias Dietz

OBJEKT
Erbasteg Bamberg
STANDORT
Bamberg, Deutschland
BAUZEIT
Dezember 2008 bis März 2009, Bauzeitprovisorium März 2009 bis Dezember 2010, nach Umsetzung Erbasteg-Nutzung ab April 2012
BAUHERR
Stadt Bamberg, vertreten durch: Entsorgungs- und Baubetrieb der Stadt Bamberg
INGENIEURE + ARCHITEKTEN
Objektplanung:
Architektur Büro Dietz, Bamberg
Tragwerksplanung:
Grad Ingenieurplanungen, Ingolstadt
BAUAUSFÜHRUNG
Fa. Mühlbauer Stahl + Metallbau GmbH, Furth im Wald

Erbasteg, Landesgartenschau Bamberg

EINE BRÜCKE IM WANDEL DER ZEITEN – EISENBAHNHOCHBRÜCKE RENDSBURG

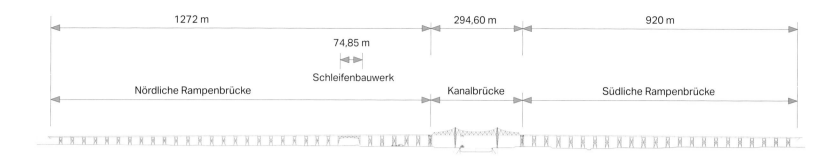

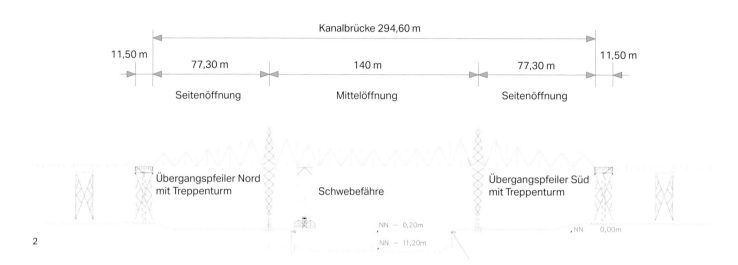

Die Eisenbahnhochbrücke Rendsburg, eine 100 Jahre alte, 2,5 Kilometer lange Stahlkonstruktion, ist eines der bedeutendsten Technikdenkmäler Deutschlands. In den letzten Jahren wurde die Brücke unter laufendem Betrieb umfassend instandgesetzt und verstärkt.

Bereits mit dem Bau des Nord-Ostsee-Kanals in den Jahren 1887–1895 (damals Kaiser-Wilhelm-Kanal) wurde in Rendsburg eine Eisenbahnbrücke über den Kanal errichtet. Diese bestand aus zwei eingleisigen Drehbrücken von je 50 Meter lichter Durchfahrtsweite [3]. Im Zuge der ersten Kanalverbreiterung ab 1907 wurde ein Neubau für die Drehbrücken erforderlich.

Von 1911–1913 wurde die zweigleisige Eisenbahnhochbrücke errichtet. Die Hochbrücke ermöglicht der Schifffahrt eine lichte Durchfahrtshöhe von 42 Metern bei einer Spannweite über dem Kanal von 140 Metern. Die gesamte Brückenkonstruktion besitzt über die nördliche Rampe, das Kanalbauwerk und die südliche Rampe eine Länge von 2486 Metern. Das Kanalbauwerk besteht aus zwei einhüftigen Rahmen, die über dem Kanal durch einen Schwebeträger miteinander verbunden sind. Die Rahmen lagern beidseits des Kanales am Übergang zu den Brückenrampen auf den Übergangspfeilern (Fachwerkpfeiler) auf. Die Rampen werden aus einer Kette stählerner Einfeldträger („Rampenbrücken") gebildet, welche auf Fachwerkpfeilern („Gerüstpfeiler")

aufliegen, insgesamt 105 Rampenbrücken und 51 Gerüstpfeiler. Da der Rendsburger Bahnhof im Zuge des Brückenneubaus nicht versetzt werden sollte, wird die Bahnlinie auf der Nordseite über eine Schleife heruntergeführt und unterquert sich selbst im sogenannten Schleifenbauwerk, einem Fachwerkrahmen mit einer lichten Weite von 75 Metern.

Eine Besonderheit ist die Schwebefähre in der Mittelöffnung der Kanalbrücke, eine an Stahlseilen hängende, über dem Kanal „schwebende" Plattform. Die Schwebefähre wird vor allem von Fußgängern und Radfahrern der anliegenden Gemeinden Rendsburg und Osterrönfeld genutzt. Bis zu vier PKW können außerdem befördert werden.

Die Brücke wurde als genietete Fachwerkkonstruktion mit aufgelösten Querschnitten und zahlreichen Querschnittsabstufungen errichtet. Als Material wurde Flusseisen verwendet, ein Stahl, der in seinen Festigkeitseigenschaften dem heutigen S235 nahekommt. Insgesamt wurden 17.700 Tonnen Flusseisen und 3,2 Millionen Niete verbaut. Heute stecken aufgrund der in den vergangenen 100 Jahren erfolgten Unterhaltungs- und Ertüchtigungsmaßnahmen ca. 18.600 Tonnen Stahl im Bauwerk [2].

Der heutige Baulastträger der Eisenbahnhochbrücke Rendsburg ist die Bundesrepublik Deutschland, ver-

1 Aufriss Gesamtbauwerk
2 Aufriss Kanalbauwerk
3 Ansicht der Brücke

3

treten durch die Wasser- und Schifffahrtsverwaltung des Bundes (WSV). Die Schienen und Brückenbalken gehören zum Verantwortungsbereich der Deutschen Bahn AG.

Ziele und Lösungen der Brückenertüchtigung

In der Nord-Süd-Achse des europäischen Bahnnetzes ist die Brücke das Nadelöhr für den Skandinavienverkehr. Die Brücke soll einen möglichst uneingeschränkten Personen- und Güterverkehr ermöglichen. Künftig sollen bis zu 835 Meter lange Züge mit einer Gesamtlast von bis zu 6000 Tonnen die Brücke passieren. Hierfür wird die Brücke derzeit mit großem Aufwand umfangreich verstärkt. Insgesamt investieren die Deutsche Bahn AG und die Wasser- und Schifffahrtsverwaltung ca. 165 Millionen Euro [2].

Die Hochbrücke wurde ursprünglich für den preußischen Lastenzug A bemessen, wobei bereits für die zukünftige Verkehrsentwicklung die Kanalbrücke, das Schleifenbauwerk sowie die Gerüstpfeiler vorausschauend für den preußischen Lastenzug A + 20 Prozent, d.h. mit einer 20-prozentigen Reserve, bemessen wurden.

Während die Vertikallasten des Lastenzuges A (Ersatzstreckenlast der Lokomotiven 71 kN/m, der Tender 65 kN/m und der einseitig angehängten Wagen 43 kN/m) gegenüber den Verkehrslasten der heute üblichen Streckenklassen D2 (64 kN/m) und D4 (80 kN/m) in ähnlicher Größenordnung liegen, sind die heutigen Bremslasten (1/4 der Vertikallast) fast doppelt so hoch wie die des Lastenzuges A (1/7 der Vertikallast) [1]. Für die Hochbrücke mit ihren schlanken, hohen Pylonen und Pfeilern stellt diese höhere Bremslast einen erheblichen Belastungszuwachs dar.

Im Zuge der Ertüchtigungskonzeption wurden zahlreiche Berechnungsvarianten mit unterschiedlichen Kombinationen der Eisenbahnverkehrslasten im eingleisigen und zweigleisigen Verkehr durchgeführt und jeweils Verstärkungskonzepte einschließlich Kostenschätzungen erstellt [4]. Auf Basis dieser Entscheidungsgrundlage wurde anhand von Wirtschaftlichkeitsüberlegungen seitens der WSV und der DB AG eine Verstärkung für die beiden folgenden maßgebenden Streckenklassenkombinationen festgelegt
- Güterzug D2 in Begegnung mit einem Personenzug DRZ,
- Güterzug D4 als eingleisiger Verkehr.

Die Züge der Streckenklasse D2 dürfen eine maximale Zuglänge von 835 Metern und die Züge der Streckenklasse D4 von maximal 580 Metern aufweisen.

Das Lastbild des Begegnungszuges DRZ („definierter Reisezug") setzt sich aus einer Streckenlast von 60 kN/m auf 30 Meter Länge (Lokomotive) und einer daran einseitig angehängten verminderten Strecken-

Preußischer Lastenzug A

Es ist ein Zug aus zwei Lokomotiven jeweils mit zugeordneten Tendern in ungünstigster Stellung mit einer unbeschränkten Anzahl einseitig angehängter Güterwagen anzunehmen.

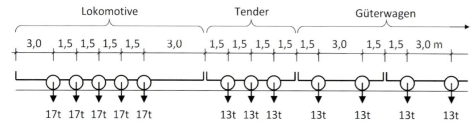

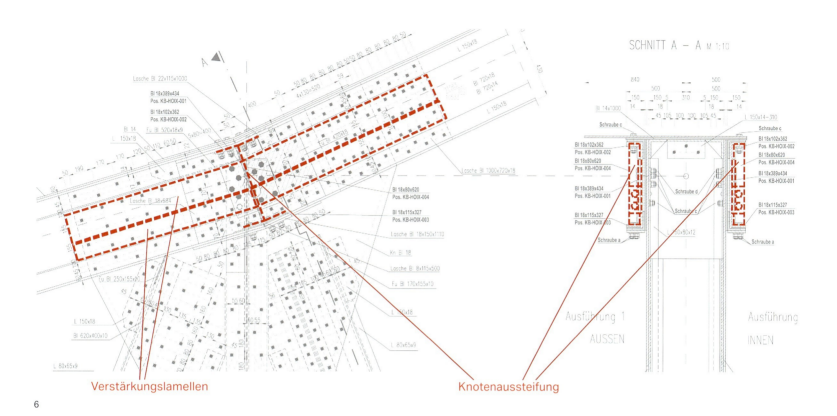

Verstärkungslamellen   Knotenaussteifung

6

4 Lastbild des preußischen Lastenzuges A von 1901
5 Schwebefähre am Kanalbauwerk
6 Beispiel für die Verstärkung eines Knotens am Hauptträgerobergurt
7 Verstärkter Obergurtknoten

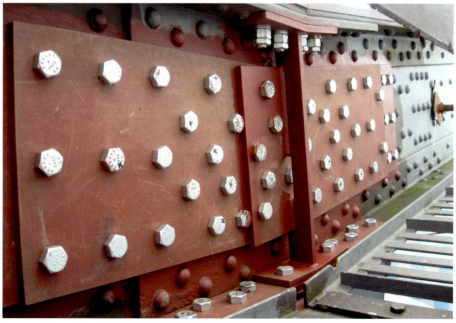

last von 20 kN/m mit einer Länge von bis zu 390 Metern (Wagen) zusammen. Die Achslasten des DRZ betragen 20 Tonnen, die Gesamtlast maximal 960 Tonnen. Es wird mit diesen Lastansätzen seitens der DB AG davon ausgegangen, dass für die Zukunft ein wirtschaftlicher Betrieb sichergestellt ist.

Die Eisenbahnhochbrücke Rendsburg besitzt über den gesamten Brückenzug einschließlich der anschließenden Dämme durchlaufende Schienen ohne Schienenauszüge. Die Fahrbahn ist in Gleislängsrichtung schwimmend gelagert – die Brückenbalken liegen längsverschieblich auf den Zentrierleisten auf. Der Lastabtrag der Längskräfte von den Schienen in die Brückenkonstruktion erfolgt nur durch Reibung. Konzentrierte Längskräfte werden dadurch über eine größere Länge als die eigentliche Lasteintragungslänge verteilt. Diese günstige Verteilung vermindert insbesondere für die örtlich begrenzte Anfahrlast die Größe der wirksamen Horizontalkraft auf die darunterliegenden Tragwerksteile.

Die Längskraftableitung von den Schienen in das Tragwerk wurde in einem nichtlinearen Berechnungsmodell der gesamten Brücke untersucht. Es wurden dabei auflastabhängige, nichtlineare Längskraft-Verschiebungs-Abhängigkeiten zwischen den Brückenbalken und den Zentrierleisten sowie an den Reiblagern der Überbauten berücksichtigt. Die Parameter der Längskraft-Verschiebungs-Abhängigkeiten wurden in zahlreichen Berechnungen variiert, um Streuungen der Reibkraftübertragung zu erfassen. Die numerische Analyse wurde durch Messungen am Bauwerk im Rahmen eines „Bremsversuches" verifiziert [5]. Als Ergebnis dieser Untersuchung wurden die anzusetzenden Horizontalkräfte auf die einzelnen Teilbauwerke, d. h. die wirksamen Anfahr- und Bremslasten auf die Pfeiler, auf das Kanalbauwerk und auf das Schleifenbauwerk, festgelegt. Diese von der Norm abweichenden Lastansätze wurden durch eine „Zustimmung im Einzelfall" durch das Eisenbahn-Bundesamt bestätigt. Erst durch diese Möglichkeit der rechnerisch berücksichtigten Längskraftverteilung war es wirtschaftlich möglich, die Eisenbahnhochbrücke für die heutigen Zuglasten zu ertüchtigen.

Planung und Ausführung der Verstärkungsmaßnahmen

Die Verstärkung der genieteten, mehrfach abgestuften Querschnitte gestaltet sich als sehr aufwendig. Die bevorzugte Verstärkungsmethode besteht darin, zusätzliche Lamellen anzubringen. Die Verbindungen werden durch Passschrauben hergestellt, Schweißen ist an dem Altstahl nicht vorgesehen. Insbesondere die Überbrückung der Fachwerkknotenpunkte erfordert eine detaillierte Planung und passgenaue Ausführung. Alternativ werden ganze Stäbe ausgetauscht, vor allem bei starken Korrosionsschäden. Jedoch ist ein Stabaustausch häufig nur für untergeordnete Bauteile mög-

8 Alte Niete an neuen Verbindungen werden durch Passschrauben ersetzt
9 Austausch des unteren Windverbandes am Kanalbauwerk
10 Einbau eines neuen Fundamentankers
11 Montagearbeiten am Kanalbauwerk bei laufendem eingleisigen Zugverkehr

10

11

lich, außerdem sind zum Teil vorherige Entlastungen durch Anpressen erforderlich. Die Fundamente der Gerüstpfeiler werden durch zusätzliche Stahlbetonmanschetten ergänzt, um die Eigenlast und damit die Sicherheit gegen Abheben und Gleiten zu erhöhen. Außerdem werden alle Anker, die die zugkraftschlüssige Ankopplung der Pfeiler an die Fundamente sichern, ersetzt.

Die Verstärkungsarbeiten wurden im Wesentlichen in den Jahren 2007 bis 2014 unter eingleisigem Betrieb der Streckenklasse D2* durchgeführt und werden im Jahr 2015 unter zweigleisigem Betrieb D2*+Personenzug fortgesetzt. D2* bedeutet, dass die Gesamtlast des Zuges bei bis zu 835 Meter Länge auf 2600 Tonnen begrenzt ist. Alle Montagezustände sind durch entsprechende Abfangungen für diese Verkehrslasten zu planen. Nur ausgewählte Montageschritte können in den wöchentlichen Sperrpausen in der Nacht von Sonnabend auf Sonntag durchgeführt werden.

Durch die Ertüchtigungsmaßnahmen bleibt die Eisenbahnhochbrücke Rendsburg für viele weitere Jahre für den Eisenbahnverkehr nutzbar. Der Brücke wurde 2013 von der Bundesingenieurkammer der Titel „Wahrzeichen der Ingenieurbaukunst" verliehen.

Karsten Geißler, Matthias Bartzsch, Richard Schmachtenberg

Literatur
[1] Geißler, K.: Handbuch Brückenbau – Entwurf, Konstruktion, Berechnung, Bewertung und Ertüchtigung. Verlag Ernst & Sohn, Berlin, 2014.
[2] Wasser- und Schifffahrtsverwaltung des Bundes: 100 Jahre „Eiserne Lady" – Eisenbahnhochbrücke Rendsburg. Druckschrift der WSV, WSA Kiel-Holtenau, 2013.
[3] Thiesen, E.: Die Rendsburger Hochbrücke mit Schwebefähre. Historische Wahrzeichen der Ingenieurbaukunst in Deutschland, Band 13. Bundesingenieurkammer, 2014.
[4] Graße, W.; Schmachtenberg, R.; Geißler, K.: Zur Nachrechnung, Restnutzungsdauerberechnung und Ertüchtigungsuntersuchung der Eisenbahnhochbrücke über den Nord-Ostsee-Kanal in Rendsburg. Stahlbau 71 (2002), Heft 9, S. 641–652.
[5] Geißler, K.; Graße, W.; Schmachtenberg, R.; Stein, R.: Zur meßwertgestützten Ermittlung der Verteilung der Brems- und Anfahrkräfte an der Eisenbahnhochbrücke Rendsburg. Stahlbau 71 (2002), Heft 10, S. 735–746.

OBJEKT
Eisenbahnhochbrücke Rendsburg
STANDORT
Rendsburg, Nord-Ostsee-Kanal
BAUZEIT
1911–1913, umfassende Instandsetzungs- und Verstärkungsmaßnahmen seit Mitte der 1990er-Jahre
BAUHERR
Kaiserliches Kanalamt Kiel (1911), Wasser- und Schifffahrtsamt Kiel-Holtenau (heute)
BAUMEISTER 1911
Friedrich Voß
INGENIEURE HEUTE (Auswahl)
GMG Ingenieurgesellschaft, Dresden (Planung), Ingenieurbüro Grassl, Hamburg und Dipl.-Ing. H.-U. Ordemann, Hamburg (Prüfung),
BAUAUSFÜHRUNG HEUTE
Firma Stahlbau Schröder, Büdelsdorf, Firma Nobiskrug, Rendsburg, Firma Fr. Holst, Hamburg und jeweilige ARGE-Partner

ARCHITEKTONISCH BEGEISTERND UND WIRTSCHAFTLICH VERNÜNFTIG – DIE BRÜCKE ÜBER DIE IJSSEL

1

Die Brücke über die IJssel zeigt, wie ein architektonisch anspruchsvoller Eisenbahnbrückenbau unter wirtschaftlich und zeitlich gesicherten Rahmenbedingungen realisiert werden kann.

Die neue IJsselbrücke ist Teil der „Hanzelijn", einer 50 Kilometer langen Neubaustrecke für den Schienenverkehr in den Niederlanden zwischen Lelystad am IJsselmeer und Zwolle im Landesinnern. Mit der „Hanzelijn" entsteht eine leistungsfähige Verkehrsverbindung zwischen dem Norden des Landes und dem Ballungsgebiet um Amsterdam und Rotterdam im Westen. Die im Jahre 2007 begonnene zweigleisige Strecke wird für den Personen- und Güterverkehr ausgebaut.

Wesentliche Baumaßnahme dieser Ost-West-Verbindung ist die Querung der IJssel zwischen Zwolle und Hattem. Das zweigleisige Bauwerk überspannt die IJssel mit ihren Vorlandbereichen und den Gelderse Dijk mit Stützweiten von 33,13 + 4 × 40,0 + 75,0 + 150,0 + 75,0 + 10 × 40,0 + 33,34 = 926,47 Meter. Eine Besonderheit des Brückenbauwerkes sind die in jedem Gleis vorhandenen Weichen, wodurch sich der Überbau zum Widerlager Hattem hin um 7,65 Meter aufweitet.

Die Bauausführung der Eisenbahnbrücke wurde vom Bauherrn ProRail, Utrecht dem Baukonsortium Welling-Züblin zusammen mit den Architekten Quist Wintermans, Rotterdam und der Planungsgemeinschaft SSF, München mit ABT, Arnheim übertragen. Der Stahlüberbau wurde durch die Fa. Max Bögl, Amsterdam hergestellt.

Vergabeverfahren und Projektanforderungen

Das Brückenbauwerk ist der Siegerentwurf eines Design-and-Build-Wettbewerbes von fünf präqualifizierten Konsortien, die sich aus Bauunternehmungen, Architekten und Ingenieuren zusammenzusetzen hatten. Die in den Ausschreibungsunterlagen des Bauherrn formulierten Projektanforderungen bestanden im Wesentlichen aus den funktionellen und technischen Anforderungen, an die zusätzlich Bedingungen aus den sogenannten RAMS-Anforderungen geknüpft waren.

Unter den RAMS-Anforderungen versteht man Anforderungen an die Zuverlässigkeit (Reliability), mit der das Bauwerk in einem bestimmten Mindestzeitraum ohne Ausfall seine Funktion zu erfüllen hat, und Anforderungen an die Verfügbarkeit (Availability), d. h. an die Lebensdauer unter Einbeziehung zugestandener Störungen und geplanter Außerbetriebnahmen für Instandhaltungsmaßnahmen. Weiterhin versteht man darunter Anforderungen an die Möglichkeit und Dauer von Instandhaltungsmaßnahmen (Maintenance) und Anforderungen an die Sicherheit (Safety), die durch die Planung von Schutzeinrichtungen, Rettungszufahrten, Fluchtwegen oder Feuerlöscheinrichtungen zu gewährleisten ist.

1 Ansicht der neuen Eisenbahnbrücke über die IJssel mit dem alten, inzwischen abgerissenen Brückenbauwerk im Hintergrund

Als Lebensdauer waren für das Haupttragwerk 100 Jahre gefordert, für Sekundärbauteile und technische Ausrüstungen je nach Bauteil 25 bis 50 Jahre. Weitere Anforderungen bezogen sich auf die Herstellung des Bauwerkes, wie die Einhaltung der Bauzeit, die Beachtung von Lärmvorschriften und den Gewässerschutz.

Zentrales Thema des interaktiven Wettbewerbes war es, ein qualitativ hochwertiges und ästhetisch gelungenes Bauwerk mit hoher Akzeptanz in der Bevölkerung zu erhalten. Neben den technischen und wirtschaftlichen Aspekten stand somit auch die äußere Gestaltung mit der Wahl des Tragsystems im Vordergrund. Die Baukosten waren mit maximal 50 Millionen Euro vorgegeben.

Die Angebotsbearbeitung der Bietergemeinschaft fand in engem Dialog mit dem Bauherrn statt. In regelmäßigen Gesprächsrunden wurde dem Bauherrn der Stand der Entwurfsplanung vorgestellt und den Firmen Gelegenheit zur Fragestellung und zur Klärung der Bauaufgabe gegeben. Fragen wurden vom Bauherrn schriftlich an alle Bieter beantwortet. Vom Bauherrn wurden gestalterische, statisch-konstruktive, baubetriebliche und dauerhaftigkeits- und unterhaltungsrelevante Aspekte eingehend hinterfragt.

Neben dem Wunsch, das architektonisch und wirtschaftlich beste Angebot zu erhalten, stand für den Bauherrn gleichauf die Forderung nach der gesicherten transparenten technischen und finanziellen Basis für einen reibungslosen Bauablauf und der Übergabe eines funktionalen, dauerhaften und unterhaltungsfreundlichen Brückenbauwerkes. Geforderter Umfang der endgültigen Angebotsunterlagen waren ausführliche Beschreibungen, Leistungsverzeichnis und Angebotspreis, detaillierte zeichnerische Darstellungen des Bauwerkes, Bauablaufpläne, eine Untermauerung der Entwurfsarbeit mit dokumentiertem Systems Engineering sowie auch ein Modell der Brücke. Für diese Leistungen wurden jedem Teilnehmer 0,75 Prozent der vorgegebenen maximalen Baukosten vergütet.

Als Vergabekriterien waren mit 65 Prozent die architektonische, funktionale und technische Gestaltung und nur zu 35 Prozent der Preis vorgegeben. Ausschlaggebend für die Vergabeentscheidung war dementsprechend nicht allein der Angebotspreis, sondern in höherem Maße die Formgebung und Funktionalität des Bauwerkes. Die oft gegensätzlichen Aspekte des architektonischen Anspruches und der realen Herstellungskosten mussten für einen Auftragserfolg im Zuge der Angebotsbearbeitung zu einem optimalen Gesamtkonzept zusammengeführt werden.

Damit wurde dem besonderen Anliegen der Bürger Rechnung getragen, Gestaltungs- und Umweltaspekte nicht der infrastrukturellen Notwendigkeit des Bauwerkes zu opfern. Die Vergabe der Entwurfs- und Ausfüh-

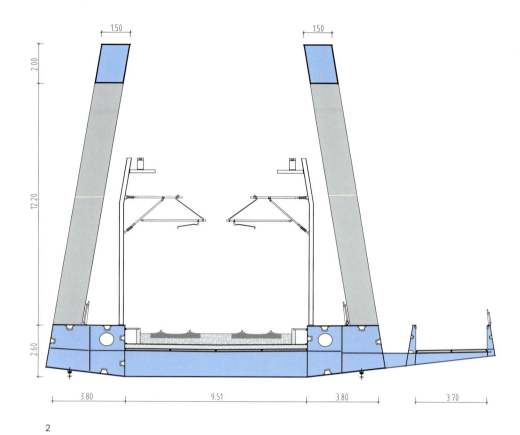

2 Regelquerschnitt der Stahlfachwerkbogenbrücke
3 Östliche Vorlandbrücke von Zwolle aus
4 Blick auf den seitlich angehängten Fuß- und Radweg
5 Regelquerschnitt der Vorlandbrücken

rungsleistungen eines Bauvorhabens nach der Design-and-Build-Methode an ein und denselben Auftragnehmer ermöglicht eine optimale Lösungsfindung mit der individuellen Gewichtung der öffentlichen Anliegen und lässt bereits in einer sehr frühen Phase das Know-how von Baufirmen mit Blick auf die Baudurchführung einfließen. Den bietenden Firmen, Ingenieuren und Architekten eröffnet sich die Möglichkeit, weg von der Abgabe nur des niedrigsten Preises, hin zu einem Ideenwettbewerb nach höchster Funktionalität, Wirtschaftlichkeit und Nachhaltigkeit.

„Design and Build" bedeutet, dass der Bauherr nicht die Schnittstelle zwischen Entwurfsplaner und Auftragnehmer der Bauleistung mit all den bekannten zeitlichen und finanziellen Risiken besetzt. Das Vergabeverfahren liefert dem Bauherrn in der wettbewerblichen Übernahme der Gesamtverantwortung für Entwurf, Kalkulation und Bauausführung durch den Auftragnehmer bei größtmöglicher Kosten- und Terminsicherheit das auf den Kundenwunsch hin perfektionierte Bauwerk.

Entwurf des Tragwerkes

In engem Dialog mit dem Design-and-Build-Team ist der Entwurf des Architekten Paul Wintermans entstanden, der ein schlankes, fließendes Tragwerk vorsah, das sich zurückhaltend in die flache niederländische Landschaft einpassen sollte. „Monumente", die sich selbst betonen und ihre Umgebung in den Hintergrund drängen, wurden schnell verworfen.

Fast zwingend ergab sich so ein Fachwerkbogen über dem Flussfeld, dessen Mindeststützweite aufgrund der Projektanforderungen mit 150 Metern festgelegt wurde. Zur Reduzierung der Bauhöhe wurde die Bogenform als Durchlaufsystem auch über die 75 Meter überspannenden Nachbarfelder geführt. So ergab sich ein Bogenstich von 14,5 Metern, der im Verhältnis nur 1:10,3 der Stützweite des Hauptfeldes beträgt. Aus Gestaltungsgründen haben die Außenflächen und die Untersicht der Hauptträger eine Neigung von 10 Grad bzw. 6,5 Grad. Die Fachwerkbögen wurden dementsprechend in ebener Fortsetzung der Außenstege auch mit 10 Grad zur Innenseite geneigt.

Die Einhaltung der Regellichträume für den Eisenbahnverkehr zwang so mit steigender Bogenhöhe zu einer stetigen Verbreiterung der Fachwerkuntergurte, da die Innenkante dieser Hohlkastenträger wie die Schotterbegrenzung und der Kabelkanal in konstantem Abstand zur Gleisachse verlaufen sollte. Auf Verbände oder Querriegel zwischen den Bögen wurde aus architektonischen Gründen verzichtet.

Das Maximum an Transparenz in der Brückenansicht erforderte eine Minimierung der Diagonalenanzahl im Bogenfachwerk. Statische Überlegungen und der Umstand,

3

4

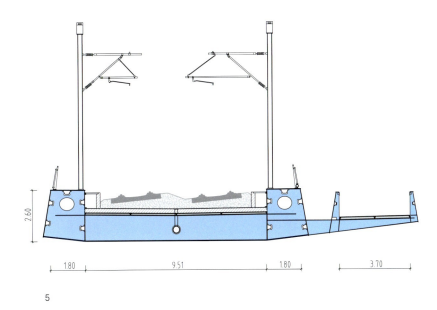
5

dass eine weitergehende Verringerung der Diagonalen durch den deutlich zunehmenden Baustahlbedarf zu unwirtschaftlich geworden wäre, begrenzten die Knotenabstände auf 30 Meter.

Die Vorlandbereiche sollten von einem möglichst schlanken Haupttragwerk mit konstanter Bauhöhe überspannt werden. Die Konstruktionshöhe des Brückenüberbaus war hierbei durch den Gradientenverlauf der Bahnlinie und die Lichtraumprofile von IJssel und Straße am Gelderse Dijk ohnehin sehr begrenzt, was auch zur Folge hatte, dass die Hauptträger seitlich der Gleise angeordnet wurden. Unter Beachtung der Entwurfsvorschriften wurde eine Hauptträgerbauhöhe von 2,60 Metern bestimmt, die örtlich über der Straße am Gelderse Dijk auf 1,95 Meter verringert werden musste.

Mit der architektonisch und baubetrieblich geprägten Entscheidung einer einheitlichen Materialwahl und der Ausführung des gesamten Haupttragwerkes in Stahl wurde für die Vorlandbereiche eine Regelstützweite von 40 Metern mit verkürzten Randfeldern gewählt. Die Schlankheit der Längsträger ist mit 1:15,4 ein für eine Eisenbahnbrücke technisch und wirtschaftlich günstiger Wert; die Feldlänge von 40 Metern ist vorteilhaft für Fertigung und Montage.

Eine weitere Forderung in gestalterischer Hinsicht war, dass der Rad- und Fußweg nicht in den Hauptquerschnitt der Brücke integriert werden sollte, da dieser sonst wesentlich massiver geworden wäre. Daher wurde der Radweg seitlich an den Eisenbahnüberbau angehängt und wirkt so optisch als eigenständiges Überführungsbauwerk.

Der Entwurf sah für die Unterbauten V-förmige Pfeilerscheiben vor, die sich optisch schlicht unter dem Tragwerk zurücknehmen, sich mit ihrer grauen Betonfarbe dem umgebenden Gelände anpassen und den in Rot gehaltenen Überbau als die überführende Tragstruktur hervorheben.

Zur Minimierung von Unterhaltungsaufwendungen für Tragwerk und Oberbau galt die Entscheidungsprämisse, die Anzahl von Lagern und Fugenkonstruktionen so gering wie möglich zu halten. Entsprechend wurde ein über die gesamte Länge von 927 Metern durchlaufendes Tragwerk ohne Fugen entworfen. Schienenauszüge sollten auf die Überbauenden beschränkt bleiben.

Die vollständige Vermeidung von Schienenauszügen war mit den Entwurfsvorgaben und bei der Länge des Bauwerkes nicht realisierbar. Jedoch war die Beschränkung auf nur einen Schienenauszug im radial verlaufenden Gleis am Widerlager Zwolle möglich. Auf der Seite Hattem wurde der Überbau zusammen mit der Radwegkonstruktion der hohen horizontalen Auflagerkräfte wegen in das Widerlager eingespannt und neben dem

S. 110 / 111:
6 Untersicht des Brückenbauwerkes mit dem seitlich angehängten Fuß- und Radweg
7 Westliche Vorlandbrücke vom Widerlager Hattem aus

7

Schienenauszug auch auf aufwendige und notwendigerweise austauschbare Brückenlager verzichtet.

Aus Gründen der Wirtschaftlichkeit und zur Reduzierung der Schallemission wurden die Fahrbahnplatte und die Radwegplatte in Stahlbeton geplant, unterstützt von Stahlquerträgern im Abstand von 3,33 bis 3,57 Metern. Durch die Wahl mittragender Fertigteilplatten mit einer Ortbetonergänzung entfiel der aufwendige Einsatz von Schalungen.

Gegründet ist das Tragwerk auf in den Niederlanden gebräuchlichen Spannbetonrammpfählen mit Querschnittsabmessungen von b/d = 450/450 Millimetern.

Zur statischen und dynamischen Berechnung des Überbaus wurde die Stahlstruktur als räumliches biegesteifes Stabsystem abgebildet und die Stahlbetonverbundplatten mit finiten Schalenelementen in dieses Rechenmodell integriert. Die Knotenpunkte der Fachwerke, die Bogenfußpunkte sowie Auflagerpunkte und Querschotte wurden mithilfe der Finite-Elemente-Methode beschrieben und zur Dimensionierung in das Stabsystem eingefügt. Komplizierte Betrachtungen von Auflagerbedingungen separater Systeme konnten so entfallen. Weiterhin konnten die Auswirkungen der Steifigkeiten der ausgeprägten Fachwerkknoten auf die Berechnung und das Verformungsverhalten des Stabsystems bestimmt werden.

Im System abgebildet wurden auch die Pfeilerscheiben, um den Einfluss der Pfahlgründung mit zu erfassen.

Hervorzuheben ist, dass durch das gewählte Durchlaufsystem gleichermaßen höchste Ansprüche an die Dauerhaftigkeit des Tragwerkes und des Gleisoberbaus erfüllt wurden. Kosten für den Unterhalt von verschleißträchtigen Fugen und Übergängen im Schotterbett, bedingt durch die zyklischen Belastungen aus Drehwinkeln und Verformungen, bleiben dem Bauherrn erspart.

Schlussbemerkung

Eisenbahnbrücken sind mit ihren hohen Belastungen und den Anforderungen an die Steifigkeit in aller Regel massige Bauwerke. Die Bauausführung der IJsselbrücke beweist, dass durch die Vergabe nach der Design-and-Build-Methode Bauwerke unter Beachtung aller Anforderungen im vorgegebenen Kostenrahmen termingerecht errichtet werden können und dass selbst unter der schwierigen Randbedingung der ebenen niederländischen Landschaft eine architektonisch begeisternde Eisenbahnbrücke entstehen kann.

Hans-Joachim Casper

OBJEKT
Brücke über die IJssel
STANDORT
Hanzelijn, Niederlande
BAUZEIT
2008–2012
AUFTRAGGEBER
ProRail, Niederlande
INGENIEURE + ARCHITEKETN
Ingenieurbau: SSF Ingenieure AG, Beratende Ingenieure im Bauwesen, Deutschland
ABT adviseurs in bouwtechniek, Niederlande
Architekten: Quist Wintermans Architekten / BV Niederlande
BAUAUSFÜHRUNG
Baufirma: Bouwcombinatie Welling / Züblin, Brücke über die IJssel, Niederlande
Stahlbau: Max Bögl Stahl- und Anlagenbau GmbH & Co. KG, Deutschland

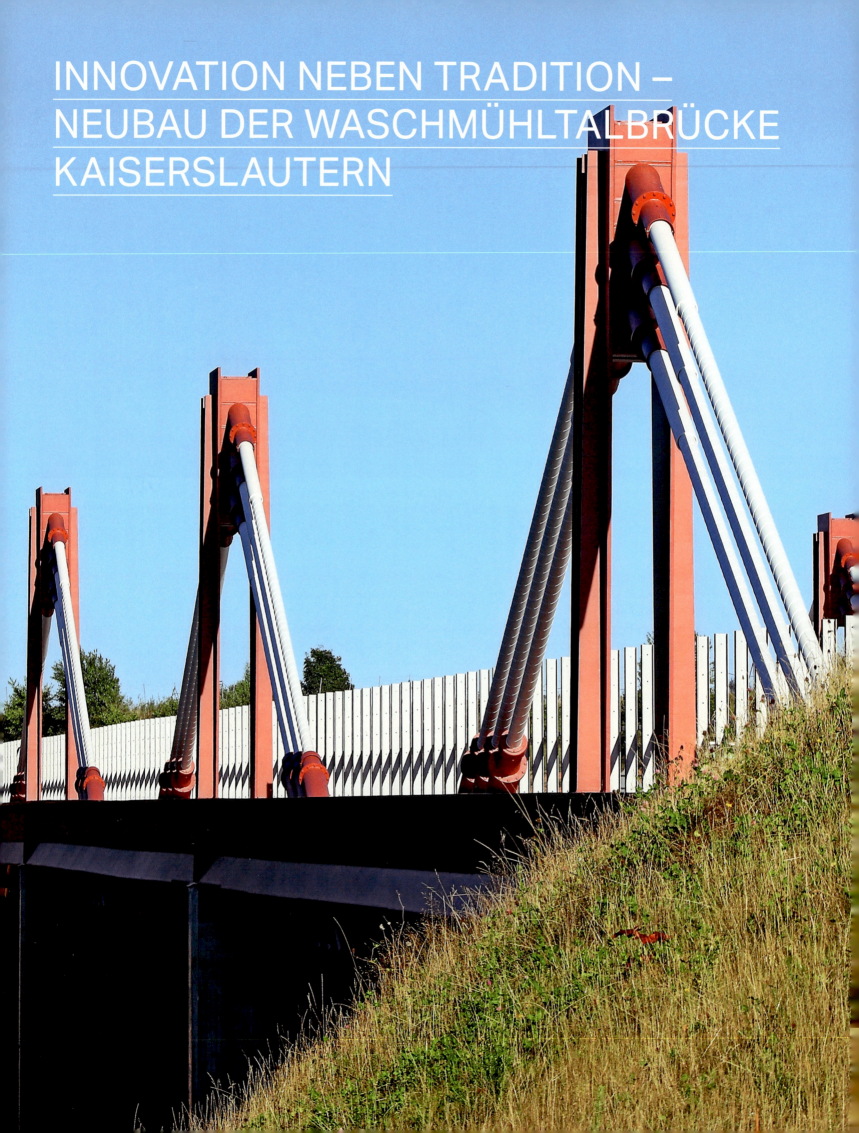

INNOVATION NEBEN TRADITION – NEUBAU DER WASCHMÜHLTALBRÜCKE KAISERSLAUTERN

1 Die Waschmühltalbrücke ist ein Baudenkmal

Die Waschmühltalbrücke ist die erste *extradosed bridge* in Deutschland. Ihre Entwurfsphase war geprägt von der intensiven Auseinandersetzung mit dem vorhandenen Überführungsbauwerk, in deren Ergebnis das Grundprinzip der historischen Brücke „auf den Kopf gestellt" wurde.

Im Zuge des sechsstreifigen Ausbaus der BAB A6 Mannheim-Saarbrücken musste die unter Denkmalschutz stehende Waschmühltalbrücke instand gesetzt und verbreitert werden. Dabei war neben der historischen Sandsteinbogenbrücke ein neues Bauwerk zu errichten.

Die unter Mitwirkung des Architekten Paul Bonatz zwischen 1935 und 1937 hergestellte Waschmühltalbrücke gilt als eine gelungene Synthese aus Ingenieurleistung, Architektur und Landschaftsgestaltung und ist 1984 in die Liste der Baudenkmäler aufgenommen worden (Bild 1). Aufgrund der besonderen Situation und der gestalterischen Bedeutung der von Paul Bonatz entworfenen Autobahnbrücke wurde ein Einladungswettbewerb ausgelobt. Über den Siegerentwurf – ein überspannter Durchlaufträger – urteilte das Preisgericht wie folgt: „Der Entwurf setzt sich in Form und Konstruktion von der bestehenden historischen Bogenbrücke deutlich ab. Er greift aber gleichzeitig die Gliederung des vorhandenen Bauwerkes auf und unterstreicht dessen Rhythmus und Gestaltung. Durch die geringe Zahl der Stützen und den durch die Überspannung schlanken Überbau wird ein weitestgehend unverstellter Blick auf das bestehende Bauwerk ermöglicht. Einerseits ist die Anpassung an das vorhandene Bauwerk in herausragender Weise gelungen, andererseits stellt das neue Bauwerk eine eigenständige markante Konstruktion in moderner Bauweise dar" (Bild 2).

Aufgabenstellung

Im Mittelpunkt des zu diesem Ergebnis führenden Entwurfsprozesses stand die Auseinandersetzung mit der bestehenden Waschmühltalbrücke unter dem primären Aspekt eines angemessenen Umgangs mit dem vorhandenen Bauwerk und der Beachtung der Qualität und Gestaltung der Brücke von Paul Bonatz. Das übergeordnete Ziel war, ein Ingenieurbauwerk mit eigener Identität zu schaffen, welches sich sowohl in den Landschaftsraum einfügt, als auch das passende Pendant zu dem Baudenkmal „Waschmühltal" bildet (Bild 3 und 4).

Lösungsweg

Planen und Bauen im Bestand bedeutet immer auch Planen und Bauen mit dem Bestand (Bild 5). Grundvoraussetzung ist die Bereitschaft, sich vorurteilsfrei und offen mit dem bestehenden Bauwerk zu beschäftigen und ein sensibles Verständnis für die Konstruktion und die Gestaltung zu entwickeln.

2

3

4

5

6

2 Der Siegerentwurf für das neue Teilbauwerk
3 / 4 Behutsamer Umgang mit dem Bestand und dem Tal
5 Bauen unter Berücksichtigung des Bestandes
6 Das Tal wurde durch den Neubau nicht verstellt.
7 Entwurfsgedanke des Bestandsbauwerkes auf den Kopf gestellt

Der Prozess des Entwerfens wird dann zu einem stetigen Dialog.

▶ Was waren die Intentionen damals, welche Antworten stehen heute zur Verfügung?
▶ Die bestehende Waschmühltalbrücke ist ein Bauwerk, welches sich harmonisch in das Landschaftsbild einbindet, dieses aber auch klar besetzt. Die neue Brücke sollte insofern einen deutlichen Kontrast darstellen, als sie das Tal bewusst freihält (Bild 6).
▶ Ist es möglich und sinnvoll, den druckbeanspruchten Bögen, deren Tragkonstruktion sich komplett unterhalb der Fahrbahn befindet, eine quasi inverse Konstruktion – obenliegend und zugbeansprucht – gegenüberzustellen?
▶ Das Spiegelbild ist dann möglich, wenn man die Bögen aus Stampfbeton durch eine zugbeanspruchte Seilkonstruktion ersetzt – den ursprünglichen Gedanken also förmlich auf den Kopf stellt (Bild 7).
▶ Gelingt es dann noch, die neue Konstruktion so weit aufzulösen, dass sie leicht und filigran wirkt, beginnt das Ganze sinnvoll zu werden. Es schließt sich der Kreis zu Bonatz, der für eine Bogenbrücke eine ebenfalls sehr leichte und filigrane Konstruktion erschaffen hatte (Bild 8).

Es wurde ein vielstimmiger, sehr intensiver Dialog einerseits zwischen Architekten und Ingenieuren und ande-

7

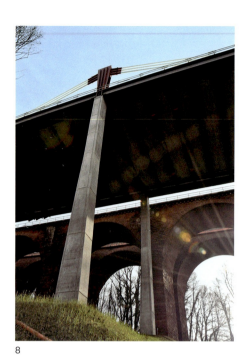

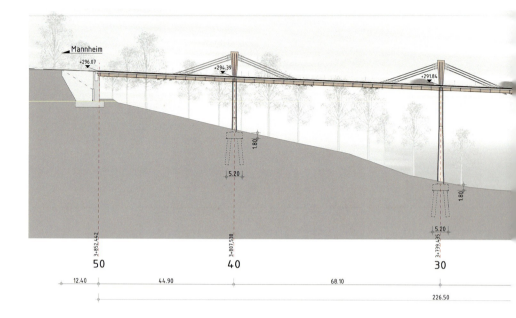

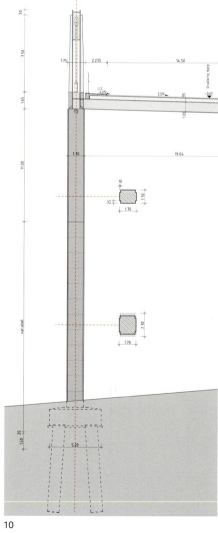

rerseits – sozusagen im Geiste – zwischen diesen beiden gemeinsam und dem spiritus rector des Baudenkmals Paul Bonatz geführt. Bei aller Gegensätzlichkeit ergab sich als Resultat ein hohes Maß an ergänzendem Gleichklang. Die neue Brücke bildet ein klares und überzeugendes Pendant zum bestehenden Bauwerk.

Umsetzung

Die Umsetzung erfolgte ebenfalls ganz im Geiste Paul Bonatz', indem die Form aus dem richtigen statischen System entwickelt und das Bauwerk materialgerecht, wirtschaftlich, nachhaltig und unterhaltungsfreundlich hergestellt wurde. Folgende Entwurfs- und Konstruktionsprinzipien wurden zugrunde gelegt:

1 Semi-integrale Bauweise
– Verzicht auf Lager (bis auf Widerlagerbereiche)
– biegesteife Verbindung zwischen den Stahlbetonstützen und dem Stahl-(Verbund-)Überbau
– dadurch in Längs- und Querrichtung biegesteife Rahmensysteme, die äußerst schlanke Stützenausbildungen ermöglichen (Reduzierung der Knicklängen) (Bild 9 und 10)

2 Überspannter Durchlaufträger (Bild 11)
– statisches System des gevouteten Durchlaufträgers über vier Felder: 44,90 m / 68,10 m / 68,10 m / 45,55 m
– Auflösung der Voute mittels Stahlmasten und Stahlzuggliedern als Überspannung

8 Leicht und filigran
9 / 10 Rahmen in Längs- und Querrichtung
11 Überspannter Durchlaufträger
12 Der Trägerrost des Überbaus

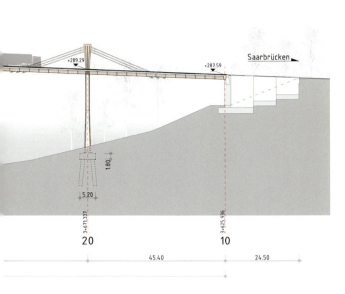

11

12

Neubau der Waschmühltalbrücke Kaiserslautern 117

13

14

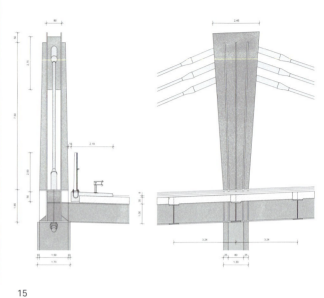
15

3 Kassettenförmiger Überbau (Bild 12)
– zwei Versteifungsträger als dichtgeschweißte Hohlkästen und Querträger im Abstand von 3,25 m
– 35 cm dicke Ortbeton-Fahrbahnplatte
– Verbundwirkung nur in Querrichtung

4 Materialgerechte Umsetzung und Fügung
– hochbeanspruchte Zugglieder (Überspannung) als hochfeste Parallellitzenbündel (Bild 13)
– Trägerrost aus Baustahl, geschweißt
– Realisierung biegesteifer Rahmenecke über Stahleinbauteile mit Kopfbolzen- und Betondübeln

5 Ablesbarkeit
– Mast mit nach außen gelegten Steifen – Transparenz und Durchsicht (Bild 14 und 15)
– Materialtrennung zwischen Stützen (Beton) und Überbau Längsträger (Stahl) – Funktionsweise des Durchlaufträgers wird deutlich (Bild 16)
– flache Neigung der „Seile" – Abgrenzung des überspannten Trägers zum Tragwerkstyp Schrägkabelbrücke (Bild 17)
– Parallellitzenbündel mit Festankern oben am Mast und Spannankern unten am Überbau (sichtbar) – Sinnfälligkeit der Aufhängung
– Brückenuntersicht hauptsächlich geprägt durch Trägerrost – architektonisch elegante Wirkung
– Stützen in der Ansicht mit Anzug nach unten – analog Pfeilern der Bogenbrücke

16

17

18

13 Hochfeste Litzen
14/15 Transparenz – Durchsicht
16 Die Funktionsweise des Durchlaufträgers ist ablesbar.
17 Flach geneigte Seile
18 Einstellen des Systems über kraftgesteuerte Herstellung
19 Erforderlichenfalls können zusätzliche Litzen nachgerüstet werden.
20 Die erste *extradosed bridge* in Deutschland

19

20

Die Herstellung erfolgte konventionell als Kranmontage. Nach Herstellung der Fahrbahnplatte wurden die Litzenspannglieder eingezogen und auf die erforderliche Vorspannkraft gespannt (Einstellen des Systems über kraftgesteuerte Herstellung: Bild 18).

In Zeiten knapper werdender Ressourcen gewinnen Fragen hinsichtlich der Nachhaltigkeit von Bauwerken immer mehr an Bedeutung. Die Fahrbahnplatte wirkt nur in Querrichtung im Verbund und kann somit ohne Zusatzmaßnahmen und Risiken ersetzt werden. Eine spätere Verstärkung der Baustahlkonstruktion mittels Laschen ist problemlos möglich. Die Ausbildung der Abspannkabel erfolgte mit größeren Ankern, sodass erforderlichenfalls zusätzliche Litzen eingebaut werden könnten (Bild 19). Im Bereich der biegesteifen Rahmenecken ist über einen zu gegebener Zeit möglichen Ansatz der Betondübel ebenfalls Ertüchtigungspotenzial vorhanden.

Der entscheidende Faktor zur Sicherstellung der Langlebigkeit der Brücke bleibt jedoch die lagerlose Bauweise. Integrale Brücken zeichnen sich durch ein hohes Maß an Robustheit (Dauerhaftigkeit, Unterhaltung, Tragsicherheit, Redundanz) aus und eröffnen darüber hinaus neue Möglichkeiten hinsichtlich der Gestaltung und des Entwurfes.

Ausblick

Die bautechnische Bedeutung eines Bauwerkes lässt sich selten vorausblickend beurteilen – auch sollten sich die Entwurfsverfasser dabei eine entsprechende Zurückhaltung auferlegen.

Die Waschmühltalbrücke wird sicherlich als erste Extradosed-Brücke in Deutschland wahrgenommen (Bild 20). Ob sich die begründeten Hoffnungen der lagerlosen Bauweise hinsichtlich Robustheit, Redundanz und Nachhaltigkeit ebenfalls erfüllen werden, wird man in den nächsten Jahrzehnten sehen – verhaltener Optimismus ist jedoch angebracht.

Zusammenfassend kann festgehalten werden, dass mit dem Neubau der Waschmühltalbrücke eine Entwurfslösung realisiert wurde, die eine Auseinandersetzung mit dem vorhandenen Baudenkmal auf „Augenhöhe" gesucht hat. Die harmonische Symbiose wurde nicht auf dem Weg einer Unterordnung, sondern vielmehr im Sinne einer der Baukultur verpflichtenden gemeinsamen inneren Haltung erreicht.

Volkhard Angelmaier

OBJEKT
Neubau der Waschmühltalbrücke Kaiserslautern
STANDORT
Kaiserslautern
BAUZEIT
01/2011–08/2013
BAUHERR
Bundesrepublik Deutschland vertreten durch Landesbetrieb Mobilität Rheinland-Pfalz
INGENIEURE + ARCHITEKTEN
Leonhardt, Andrä und Partner Beratende Ingenieure VBI AG
AV1 Architekten GmbH;
Dipl.-Ing. Winfried Neumann, Ruhrberg
Ingenieurgemeinschaft (Prüfung)
BAUAUSFÜHRUNG
IWS Beratende Bauingenieure
ARGE Neubau der Waschmühltalbrücke Kaiserslautern/
Plauen Stahl Technologie

FLÜGELARTIGE BAUWERKE IN MONOCOQUE-BAUWEISE – DIE ÜBERDACHUNG DES ZOB SCHWÄBISCH HALL

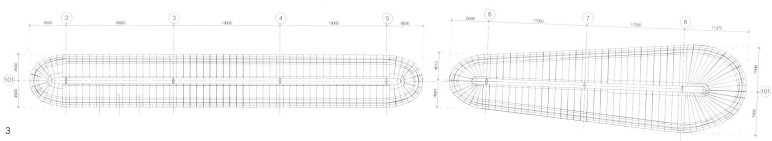

Die Übertragung eines leistungsfähigen Konstruktionsprinzips aus dem Flugzeugbau ermöglicht Eleganz und Effizienz.

Der Neubau des ZOB (Zentraler Omnibusbahnhof) Schwäbisch Hall ist verkehrsplanerisch Teil eines ÖPNV-Konzeptes, das mit dem Bau einer leistungsfähigen Nahverkehrsdrehscheibe eine qualitative Verbesserung des ÖPNV zu erreichen sucht. Der neue ZOB befindet sich im Übergangsbereich zwischen der historischen, in erheblichen Teilen denkmalgeschützten Kernstadt von Schwäbisch Hall und der Flusslandschaft des Kocher. Die Topografie der im Hintergrund ansteigenden Stadt bildet die eindrucksvolle Kulisse der Baumaßnahme.

Von der Verkehrsplanung zum Tragwerksentwurf

Ein neuer öffentlicher Platz unmittelbar vor dem Kopfende des ZOB gibt dem Stadtbereich einen neuen Mittelpunkt und lässt gemeinsam mit dem ZOB einen urbanen Raum mit hoher Qualität entstehen. Funktional besteht der Busbahnhof aus einem einzigen, sehr langen Bussteig, der von beiden Seiten angefahren werden kann und für die Fahrgäste einfach zu nutzen ist. Eine verkehrsplanerisch erforderliche Grundrissaufweitung des Bussteiges am südlichen Ende gibt dem ZOB einen natürlichen stadträumlichen Schwerpunkt. Neugierde und Aufmerksamkeit der Passanten erregen vor allem die beiden Überdachungsbauwerke. Sie gewährleisten einerseits einen hinreichenden Witterungsschutz und leisten andererseits mit einer hohen Gestaltqualität einen Teilbeitrag zur identitätsstiftenden Wirkung der Gesamtbaumaßnahme. Erscheinungsbild und Form der beiden sehr schlanken, flügelartigen Überdachungsbauwerke in Monocoque-Bauweise sind abgestimmt auf die städtebaulich-architektonischen Randbedingungen.

Die aus einem Wettbewerbsbeitrag hervorgegangene, in enger Zusammenarbeit von Objektplaner und Tragwerksplaner konzipierte Bussteigüberdachung des Zentralen Omnibusbahnhofes besteht aus zwei statisch-konstruktiv voneinander unabhängigen Teilbereichen, die in Nord-Süd-Richtung unmittelbar hintereinander angeordnet sind. Filigranität und Eleganz waren von Beginn an wesentliche Gesichtspunkte für den Tragwerksentwurf, um die historische Stadtsilhouette nicht zu verstellen, sondern vielmehr behutsam zu ergänzen. Die Teilung der Dachfläche in zwei Einzelbauwerke hat ihre Ursache in Gründen des städtebaulichen Maßstabs. Sie ermöglichte es, den kleinteiligen Maßstab der Kernstadtbebauung in angemessener Weise aufzugreifen und gleichzeitig mit einfachen, aber prägnanten Dachformen städtebauliche Akzente zu setzen.

Die Grundrissformen der beiden Überdachungen sind funktional sinnvoll aus der Verkehrsplanung abgeleitet: Sie bilden geometrisch einen Abdruck der zu überdachenden Flächen des Bussteiges. Die Überdachungs-

1 Ansicht von Südosten
2 Überdachung Süd bei Nacht
3 Grundriss der beiden Überdachungen

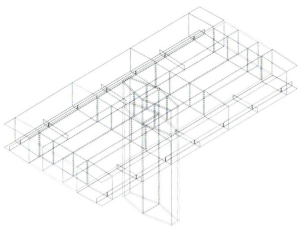

4
5

bauwerke besitzen aus diesem Grund auch abgerundete Außenkanten in den Kopfbereichen.

Die Überdachung Süd hat eine Länge von etwa 53 Metern und eine mittlere Breite von rund 13 Metern. Das südliche Dachende ist im Grundriss aufgeweitet und bildet einen Sonderbereich mit einer maximalen Breite von 15 Metern. Die Überdachung Nord hat eine Länge von 90 Metern und eine Breite von 9 Metern. Eine Stellung von Stützen in den fahrbahnnahen Bereichen des Bussteiges war aus funktionalen Gründen nicht erwünscht und eine Positionierung der Stützen in der Mitte des Bussteiges daher naheliegend. Unter der Überdachung Süd befindet sich ein im Grundriss rautenförmiges Servicegebäude mit öffentlichen WC-Anlagen, das in Holzständerbauweise gebaut und mit einer Gebäudehülle aus Aluminium verkleidet ist.

Anspruchsvoll und leistungsfähig: die Monocoque-Bauweise

Das Primärtragwerk der beiden nach dem gleichen Konstruktionsprinzip entwickelten flügelartigen Überdachungen in Monocoque-Stahlbauweise besteht aus den Elementen Stütze, Hauptträger in Längsrichtung und Nebenträger in Querrichtung sowie einer statisch mitwirkenden Dachhaut. Der Begriff Monocoque bezeichnet im Flugzeug- und Automobilbau eine Bauweise, bei der Versteifungselemente und Außenhaut kraftschlüssig miteinander verbunden sind und eine statische Mitwirkung der Außenhaut planmäßig vorgesehen ist (stressed skin). Form und Konstruktion bilden bei dieser in statisch-konstruktiver und fertigungstechnischer Hinsicht sehr anspruchsvollen Bauweise eine nicht auflösbare, sehr leistungsfähige Einheit. Das Prinzip, alle Bauteile als statisch mitwirkend anzusehen, gewährleistet eine optimale Ausnutzung des Materials und damit eine hohe Wirtschaftlichkeit.

Die Positionierung der Stützen ist abgestimmt auf die Nutzung der Flächen unter der Überdachung und bietet eine optimale funktionale Flexibilität. Die in Längsrichtung sehr schlanken sechseckigen Stützenquerschnitte bestehen aus geschweißten Hohlprofilen. Die Fußpunkte der Stützen sind in Längs- und in Querrichtung eingespannt.

Die rückgratartig mittig in Bahnsteiglängsrichtung angeordneten Hauptträger bestehen aus mehrzelligen, geschweißten Stahlhohlprofilen und besitzen eine ausreichende Torsionssteifigkeit, um Beanspruchungen aus halbseitigen veränderlichen Einwirkungen zu den Stützen tragen zu können. Der Hauptträger der Überdachung Nord ist über den größten Teil mit konstanter Querschnittshöhe h = 450 mm ausgebildet und verjüngt sich nur in den auskragenden Kopfbereichen, um den Dachrand auch in dieser Richtung schlank erscheinen zu lassen. Die Konstruktionshöhe des Hauptträgers der

4 Die Überdachung aus der Vogelperspektive
5 Isometrische Darstellung des Stützenkopfes

6 Überdachungsbauwerk, Blick von Süden nach Osten

Überdachung Süd beträgt im Bereich des nördlichen Überdachungsendes ebenfalls h = 450 mm. In den Sonderbereichen mit großer Auskragung wird er mit veränderlicher Querschnittshöhe ausgebildet. Die maximale Konstruktionshöhe über der südlichen Stütze beträgt h = 1100 mm. Hauptträger und Stützen sind biegesteif verbunden, sodass in Bussteiglängsrichtung mehrfeldrige Rahmentragwerke entstehen.

Die Tragwerksaussteifung für horizontale Einwirkungen erfolgt über Rahmentragwirkung in Längsrichtung und über eine Einspannung der Stützen in Querrichtung. Temperaturbewegungen in Längsrichtung können über die Nachgiebigkeit der in dieser Richtung biegeweichen Stützen aufgenommen werden.

Die in regelmäßigen Abständen angeordneten, in Querrichtung auskragenden Nebenträger bestehen aus stehenden Stahlblechen mit konstanter Dicke, die mit dem Hauptträger verschweißt sind. Die Nebenträger verjüngen sich entsprechend den Momentenbeanspruchungen in Richtung der Dachränder. In den Endbereichen der Überdachungsbauwerke werden die Nebenträger nach einem einfachen und klaren geometrischen Konzept radial angeordnet, um die komplexe Geometrie fertigungstechnisch beherrschbar zu machen. Die Enden der Nebenträger werden unmittelbar vor den Entwässerungsrinnen durch einen umlaufenden Träger gefasst. Randträger mit trapezförmigem Hohlprofilquerschnitt bilden außenseitig einen optisch sehr schlank wirkenden Dachrand.

Die statisch mitwirkenden Deckbleche mit Stärken von 6 bis 8 Millimetern sind unten und oben mit den Nebenträgern verschweißt. Es entstehen glatte, fugenlose Dachflächen, die zu Reinigungs- und Wartungszwecken betreten werden können. Die Oberseiten besitzen infolge der radialen Anordnung und der veränderlichen Bauhöhe der Nebenträger eine Neigung in Richtung der Dachränder und führen das Niederschlagswasser zu den in das Tragwerk integrierten Entwässerungsrinnen.

Die Gründung der Stützen erfolgt wegen der nicht tragfähigen oberflächennahen Auffüllungen als Tiefgründung. Diese besteht aus jeweils acht VSB-Pfählen (Verdrängungs-Schraub-Bohrpfählen) Durchmesser d = 55 cm beziehungsweise d = 75 cm, die maximal 7 Meter in die tragfähigen Bodenschichten einbinden und die Einwirkungen über Mantelreibung abtragen. Für die Pfahlgruppe unter dem Servicegebäude musste eine Sonderlösung in Form einer größeren Pfahlkopfplatte entwickelt werden, um eine tiefer liegende Rohrleitung zu überbrücken.

Berechnung, Montage und Ausstattung

Für die Bemessung wurden neben Eigengewicht, Schnee- und Windlasten Temperatureinwirkungen, Fahrzeugan-

prall und Setzungsdifferenzen angesetzt. Das Tragverhalten der Überdachungsbauwerke ist dem von Flugzeugflügeln vergleichbar. Es ist gelungen, durch die Mitwirkung der Deckbleche eine für biegebeanspruchte und auskragende Tragwerke bemerkenswerte Schlankheit von ca. 1:42 im Regelbereich beziehungsweise 1:9 in den auskragenden Bereichen zu erreichen. Für die aus der statischen Mitwirkung der Deckbleche resultierenden Deckblechbeanspruchungen wurden umfangreiche Beuluntersuchungen mithilfe von räumlichen Finite-Elemente-Modellen durchgeführt.

Die Fertigung der Stahlkonstruktion erfolgte abschnittweise im Werk. Nach dem Transport der Einzelteile auf die Baustelle wurden in einem ersten Schritt Stützen und Hauptträger montiert und zu einer tragfähigen Teilstruktur verschweißt. Die Montagestöße wurden bewusst außerhalb der hochbeanspruchten Knotenpunkte angeordnet. In einem zweiten Schritt wurden die Teilabschnitte der Flügel angesetzt und luftdicht verschweißt.

Für die Entwässerung der Dachflächen sorgen Kastenrinnen, die entlang der Überdachungsränder verlaufen. Über innen liegende Entwässerungsleitungen wird das Niederschlagswasser von den Dachrändern zu den in den Stützen angeordneten Fallrohren geleitet. Revisionsöffnungen in den Stützen ermöglichen eine Inspektion und Reinigung der Fallrohre.

In die Dachhaut ist eine an den Dachrändern umlaufende LED-Beleuchtung integriert, die abschnittsweise die Dachhaut unterbricht. Sie ist dauerhaft und wartungsarm und gewährleistet eine hinreichende Belichtung der Warte- und Aufenthaltsbereiche. Bei Nacht betonen die umlaufenden Lichtbänder wirkungsvoll die geometrischen Konturen der beiden Überdachungen.

Schlussbemerkung

Die Überdachungsbauwerke für den neuen ZOB Schwäbisch Hall bilden eine moderne Ergänzung der historischen Kernstadt von Schwäbisch Hall in einer eleganten, aber zurückhaltenden Formensprache. Die von den entwerfenden Ingenieuren entwickelten flügelartigen Tragstrukturen, bei denen die Dachhaut im Unterschied zu konventionellen Überdachungen statisch mitwirkend ausgebildet ist, sind materialsparend und haben eine leichte Anmutung. Sie bilden Beispiele für die Eleganz und Leistungsfähigkeit von geistreich und werkstoffgerecht konstruierten Tragwerken.

Stephan Engelsmann, Stefan Peters

OBJEKT
ZOB Schwäbisch Hall
STANDORT
Schwäbisch Hall
BAUZEIT
2010–2012
BAUHERR
Stadt Schwäbisch Hall
INGENIEURE + ARCHITEKTEN
Ingenieure: Engelsmann Peters Beratende Ingenieure GmbH, Stuttgart
Architekten: Marquart Architekten, Stuttgart
Prüfingenieur: Klaus Wittemann, Karlsruhe
BAUAUSFÜHRUNG
Winterhalter GmbH, Freiburg
Leonhard Weiss GmbH & Co. KG, Satteldorf

DER BAHNHOF IN DEN DOCKS – DIE FASSADE DER CANARY WHARF CROSSRAIL STATION IN LONDON

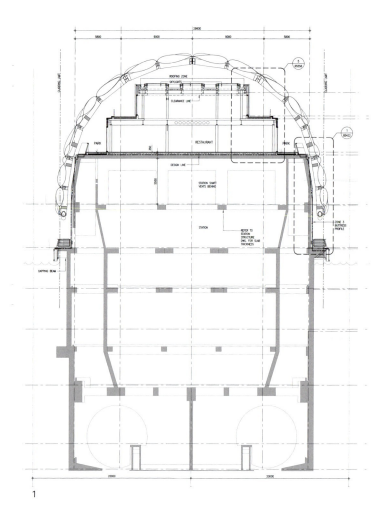

1

2

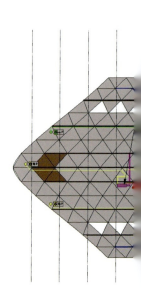

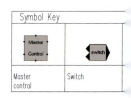

Die Errichtung des Ensembles aus Holztragwerk und transparenter, pneumatisch gestützter Folienkissen-Fassade erforderte eine hohe Planungstiefe sowie eine lückenlose Qualitätssicherung nach allen Regeln der Ingenieurskunst.

Congestion Charge – Staugebühr – nennen die Londoner die 10 Pfund teure Citymaut, die Autofahrer täglich zahlen müssen, um die Londoner Innenstadt befahren zu dürfen. Der Name ist dabei Programm. Denn wer die umgerechnet 12,60 Euro zahlt, erwirbt vor allem das Recht, Teil des Staus zu werden, der zu beinahe jeder Tages- und Nachtzeit Londons Straßen verstopft und Londons Autofahrern mit 19 km/h die geringste Durchschnittsgeschwindigkeit im europäischen Vergleich beschert. Deutlich schneller als auf Londons Straßen geht es in der Regel darunter voran: Hier bilden die legendäre London Tube – die älteste U-Bahn der Welt – und die fahrerlose Stadtbahn Docklands Light Railway das größte städtische Streckennetz Europas. Mit bis zu 4,5 Millionen Fahrgästen pro Tag gelangt allerdings auch dieses äußerst leistungsfähige System regelmäßig an die Grenzen seiner Kapazität. Mit dem Ziel, diese Kapazität um 10 Prozent zu steigern, legte das britische Parlament im Juli 2008 Königin Elisabeth II. die Crossrail Bill zur Unterschrift vor.

Der Projektplan beschreibt nicht weniger als das derzeit größte Infrastruktur- und Bauprojekt Europas – eine 18 Milliarden Euro schwere und 180 Kilometer lange Regionalexpresslinie, die London unterirdisch passieren und das Streckennetz in Stadt und Großraum bis 2018 komplettieren wird. Kernstück der Crossrail Line wird ein 21 Kilometer langer Zwillingstunnel, der direkt unter Londons Innenstadt verläuft und in neun neuerrichteten Bahnhöfen mündet. Der größte und auffälligste dieser Bahnhöfe wurde bereits zu großen Teilen fertiggestellt: die Canary Wharf Crossrail Station in den Wassern der West India Docks.

Knapp 30 Meter – vier Etagen hoch – ragt der 310 Meter lange Überbau des Bahnhofes aus den Docks, weitere drei Etagen liegen unterhalb des Wasserspiegels (Bild 1). Seine ausladende Form und sein dominantes Fichtenholz-Gittertragwerk sind Reminiszenzen an die gigantischen Handelsschiffe, die einst Waren aus aller Welt nach London brachten und Canary Wharf zum Zentrum des weltweiten Seehandels machten. Umhüllt ist der Bahnhofsüberbau von einer transparenten, teils offenen ETFE-Kissen-Fassade (Bild 2), die ihn nach Einbruch der Dunkelheit weithin sichtbar erstrahlen und wie ein einladendes Tor zu Londons aufstrebendstem Geschäftsviertel wirken lässt. Auf der obersten Etage befindet sich ein weitläufiger Dachgarten (Bild 3), erschlossen über zwei Verbindungsbrücken und an Bug und Heck begrenzt durch je einen Pavillon. Der Entwurf stammt aus dem Londoner Hauptsitz der Architekten Foster + Partners, deren Entwürfe Londons Stadtbild

3

1 Querschnitt durch die Canary Wharf Crossrail Station. In der Mitte der Skizze ist die Wasserlinie der Docks zu erkennen, ganz unten die Schächte des Zwillingstunnels.
2 Die Canary Wharf Crossrail Station im Juni 2014: Die pneumatisch gestützte ETFE-Kissen-Fassade steht, wackelt nicht, aber hat Luft.
3 Hier noch Rendering, bald schon Realität: Der lichtdurchflutete Dachgarten unter dem charakteristischen Holztragwerk des Bahnhofes bringt etwas Grün in sein bauliches Umfeld aus Stahl und Glas.
4 Überblick über die ETFE-Kissen-Fassade

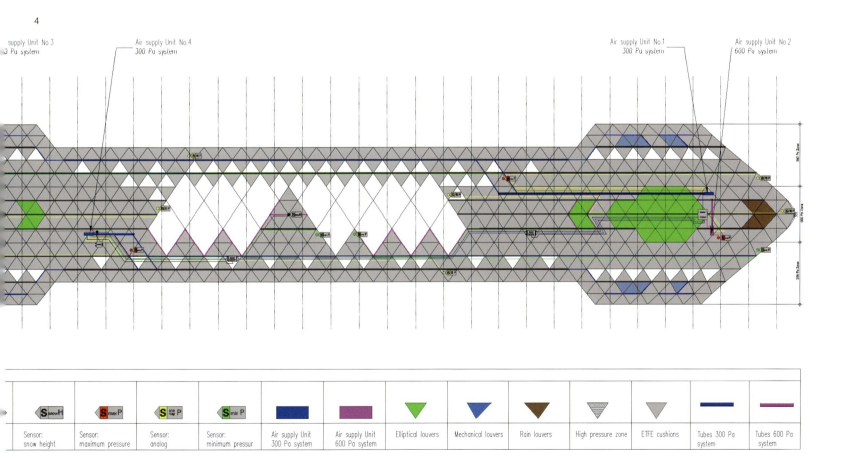

Die Fassade der Canary Wharf Crossrail Station in London 131

5

6

7

und Skyline gleichermaßen prägen. Zur Ausarbeitung und Realisierung des architektonischen Entwurfes stellte der Bauherr Canary Wharf Contractors Ltd den Foster + Partners Architekten die Fassadenplaner vom oberbayerischen Ingenieurbüro LEICHT Structural engineering and specialist consulting GmbH zur Seite. Deren Auftrag: In enger Zusammenarbeit mit den Architekten in einem Design-Bid-Build-Prozess zunächst die architektonische Vision der transparenten Fassade mit dahinterliegender Holzkonstruktion in eine Entwurfsplanung übersetzen; die Ausschreibung mitsamt den entsprechenden Unterlagen und Plänen vorbereiten; die Bewerbungen ausführender Unternehmen bewerten; dem Bauherren eine Empfehlung aussprechen; und schließlich die Fachbauleitung und die Organisation der projektbegleitenden Qualitätskontrolle leisten. Drei übergeordnete Maßgaben galt es dabei besonders zu beachten:

Zum ersten sollte das harmonische Erscheinungsbild des Ensembles aus Holztragwerk und ETFE-Kissen-Fassade durch keinerlei sichtbare Installationen oder Bauelemente gestört werden – weder in der Innen- noch in der Außenansicht. In Anbetracht einer durchsichtigen Fassade eine veritable Herausforderung.

Zum zweiten bestanden sowohl der Bauherr als auch die Fassadenplaner auf einer lückenlosen Qualitätssicherung nach allen Regeln der Ingenieurskunst. Dies erforderte einerseits eine hohe Planungstiefe, andererseits aufwendige Testprogramme. Andrew Unwin, Projektmanagement Gebäudehülle, Canary Wharf Group PLC: „Quality and sustainability are keystones of our Canary Wharf development concept. There's no room for surprises, neither during the construction process nor after the finalization of a building. Therefore we always insist on maximum planning and detailed testing." Da jedoch die einschlägigen Fassaden-Tests bis dato noch nicht auf ETFE-Konstruktionen übertragen wurden, war es an den LEICHT-Ingenieuren, ein zuverlässiges Testprozedere zu entwickeln und in die Ausschreibung zu integrieren.

Die dritte zentrale Maßgabe ergab sich aus der Lage des Bahnhofs, mitten in den Docks. Für künftige Wartungs- und Maintenance-Arbeiten sollten Dach und Fassade vollständig ohne Kräne, Gerüste oder Hubsteiger, dafür aber über ein entsprechendes Personensicherungssystem erschließbar sein – schließlich steht der Canary-Wharf-Crossrail-Bahnhof bis zur Mitte seiner Höhe im Wasser. Dies machte neben einem fest installierten Absturzsicherungssystem mit zusätzlichen Abseilpunkten entlang der Firstlinie eine Vielzahl von Anschlagpunkten auf der Fassade notwendig, an denen sich abseilende Höhenarbeiter ihre jeweilige Position fixieren können. Diese Anschlagpunkte bedürfen einer kraftschlüssigen Anbindung an das Tragwerk unter der ETFE-Kissen-Fassade. Solch eine Anbindung ist freilich

5 Durch die minimale Aufbauhöhe der Stahlkonsolen und das Einbetten der Luftleitungen zwischen Holzbinder und Aluminiumprofile bilden Holztragwerk und ETFE-Kissen-Fassade auch optisch eine harmonische Einheit.
6 Sanfte Rundung aus kerzengeraden Bindern: Im Holztragwerk der Canary Wharf Station verschmelzen architektonische Form und ingeniöse Funktion in anspruchsvoller 3D-Modellierung.
7 Räumliche Stahlknoten verbinden die Holzbinder und rotieren sie sukzessive entlang der Diagonalen zu einer harmonisch geschwungenen Konstruktion.

8

9

10

nur zwischen den ETFE-Kissen möglich, nicht aber durch die Kissen hindurch. Da unter den Schnittpunkten der Kissen jedoch auch die Verteilungen der einzelnen Luftleitungen liegen, war hier eine besonders intelligente Lösung gefragt – die selbstverständlich auch Maßgabe Nummer 1 berücksichtigen musste: keine Störung der optischen Einheit aus Fassade und Tragwerk.

Die 10.800 Quadratmeter umspannende, transparente Gebäudehülle plante LEICHT als von vier Gebläsen pneumatisch gestützte ETFE-Kissen-Fassade, bestehend aus 780 dreieckigen Membran-Kissen (Bild 4). Um die variierenden Transparenzgrade der Kissen zu realisieren, wurden klare Folien mit unterschiedlich dicht bedruckten Folien zu insgesamt fünf mehr oder minder transluzenten Kissentypen kombiniert. Die Kissen werden in Aluminiumprofilen gehalten, die auf fünf verschiedenen Typen von Stahlkonsolen knapp oberhalb der Holzgitterkonstruktion verlaufen. Durch die minimale Aufbauhöhe wird eine visuelle Störung des Holztragwerks vermieden. Die Luftversorgung der Kissen verläuft durch die Konsolen hindurch, zwischen den Holzbindern und den Aluminiumprofilen (Bild 5).

Im Holztragwerk der Firma Wiehag GmbH Timber Construction aus Oberösterreich verschmelzen architektonische Form und ingeniöse Funktion in anspruchsvoller 3-D-Modellierung (Bild 6): Das sanft geschwungene Tragwerk kommt mit gerade einmal vier gekrümmten

8 „Minifixes" – Anschlagpunkte des Personensicherungssystems – durchdringen über dicht eingeschweißte Buchsen die Aluminiumknoten und sind kraftschlüssig mit den darunterliegenden Stahlknoten verbunden.
9 Visual Mockup auf Basis eines Stahlknotens als Standard für die Ausführungsqualität, u. a. der aufwendigen Verblechung.
10 Mit einem variabel neigbaren Performance Mockup eines maßstabsgetreuen Kissens wurde die Leistung der Gebäudehülle als Fassade und Dach getestet.

11

12

13

Holzbalken aus, alle anderen Balken dagegen sind kerzengerade. Möglich machen dies räumliche Stahlknoten zwischen den Holzbindern, welche die geraden Binder sukzessive entlang der Systemlinien der Holzgitterstruktur rotieren (Bild 7). Um auch an diesen geometrisch komplexen Bereichen die Wasserdichtigkeit zu gewährleisten – über jedem Stahlknoten treffen sich bis zu sechs Kissenprofile – wurden die Aluminiumprofile zu großen, dreidimensionalen Schweißteilen gefügt und vorgefertigt. Diese sogenannten Aluminiumknoten mussten besonders exakt ausgeführt werden, um die hohen Toleranzanforderungen der Verbindung der ETFE-Kissen und deren Profile zu erfüllen. Gleichzeitig mussten die Aluminiumknoten durchstoßen werden, um die oben beschriebenen Anschlagpunkte des Personensicherungssystems verankern zu können. So wurde über dicht eingeschweißte Buchsen eine wasserdichte Durchdringung der Aluminiumknoten ermöglicht, wodurch eine kraftschlüssige Verbindung der stahldornartigen Anschlagpunkte zu den darunterliegenden Stahlknoten erreicht wird (Bild 8).

Um die Druckluftleitungen unterhalb der Aluminiumprofile auf engstem Raum um diese Stahldorne herumzuführen, konnte nicht auf standardisierte Formteile aus dem Lüftungsbau zurückgegriffen werden. In Zusammenarbeit mit den Ingenieuren des Fassadenbauers Seele Austria aus Schörfling entwickelte LEICHT deshalb ein weiteres Sonderbauteil: die zylindrischen Distribution Boxes. Um Druckverluste zu minimieren, wurde dabei auf eine besonders günstige Ausbildung hinsichtlich der Luftströmungen Wert gelegt.

Wie bereits beschrieben, wurden die allgemeingültigen Normen für Bauteilversuche noch nicht auf ETFE-Folienkissen übertragen. Darum leitete LEICHT aus dem entsprechenden Prozedere für den allgemeinen Fassadenbau ein umfassendes Qualitätssicherungs- und Testprogramm ab, das sich unterteilte in Qualitätssicherungsstandards begleitend zur Fertigung, ausführliche Tests an Musterbauten und intensive Überwachung der ausführenden Arbeiten auf der Baustelle.

Ein Visual Mockup legte den Standard für die ästhetische Ausführungsqualität fest. Als Basis diente ein Stahlknoten des Holztragwerks. Hier konnten die kritischen Details 1:1 dargestellt werden: insbesondere der geschweißte Knoten der Aluminiumprofile, die Luftleitungsführung sowie die aufwendige Verblechung zum Schutz des Holzes an den offenen Stellen der Fassade (Bild 9).

Mit zwei weiteren Musterbauten, den Performance Mockups, wurde die konstruktiv-technische Leistung der Gebäudehülle als Fassade und Dach getestet. Hierbei galt es zum einen den Besonderheiten einer pneumatisch gestützten Folienkonstruktion gerecht zu werden, zum anderen den Standards für Fassadentests

11 Test des Widerstands gegen Wassersackbildung
12 Test der Regenrinnen
13 Die Station ist über 300 Meter lang.
14 Nahaufnahme der Luftkissen

14

gemäß dem Centre for Windows and Cladding Technology.

Um dem horizontalen wie auch vertikalen Einbau der Folienkissen Rechnung zu tragen, bedurfte es eines möglichst flexiblen Musterbaus. Dazu wurde ein maßstabsgetreues Kissen auf einem variabel neigbaren Unterbau installiert (Bild 10). Im horizontalen Zustand konnten so die relevanten Widerstände gegenüber Wassersackbildung, Schneelast und Durchsturzsicherheit geprüft werden (Bild 11). Im geneigten bis vertikalen Zustand wurde vor allem die Leistung der Regenwasserrinnen betestet (Bild 12). Ein planmäßiges Ableiten des Regenwassers über ein Rinnensystem ist notwendig, da eine Entwässerung der Fassadenfläche in das Wasser der Docks nicht zulässig ist. Anordnung und Dimensionierung der Regenrinnen und der Wasserleitbleche basieren auf Studien zum Wasserlauf auf den Kissenhüllen. Dieser wurde mithilfe der Konstruktion von Falllinien erfasst. Ein Überlaufen durch Wasserschwall-Effekte oder ein Ablösen des Regenfilms von der Folienoberfläche sind theoretisch nur schwer zu erfassen. Durch die Tests am Musterbau konnten sie ausgeschlossen werden. Auch die Versuche zur statischen und dynamischen Schlagregendichtheit, die auf dem Testgelände der Seele GmbH in Gersthofen durchgeführt wurden, um eventuelle Modifikationen am Musterbau ohne zeitlichen Verzug direkt vor Ort durchführen zu können, wurden allesamt erfolgreich abgeschlossen.

Ebenso erfolgreich wie die Mockup-Tests verliefen die Arbeiten auf der Baustelle, die LEICHT in regelmäßigen Abständen inspizierte – auch um dem Bauherrn ein umfassendes Reporting liefern zu können. Die hohe Qualität der Entwurfsplanung, die übergreifend hohe Planungstiefe und die lückenlose Qualitätssicherung vor Baubeginn ermöglichten einen reibungslosen Umsetzungsprozess, dessen Resultat für sich spricht. Dabei ist die spektakuläre Gebäudehülle der Canary Wharf Crossrail Station für die LEICHT-Ingenieure nicht das einzige Projektergebnis von bleibendem Wert: Das ausführliche Versuchs- und Qualitätssicherungsprozedere hat Einzug gehalten in die weiteren Planungen und Ausschreibungen von LEICHT.

Florian Weininger, Lutz Schöne

OBJEKT
Canary Wharf Crossrail Station
STANDORT
London
BAUZEIT
2008–2018
BAUHERR
Canary Wharf Contractors Ltd, London
ARCHITEKTEN
Foster + Partners, London
Kollaborierende Architekten:
Adamson Associates (International) Ltd, London
TRAGWERKSPLANUNG
ARUP Ltd, London
FASSADENPLANUNG
LEICHT Structural engineering and specialist consulting GmbH, Rosenheim
ARGE HOLZSTRUKTUR/ ETFE FASSADE
WIEHAG GmbH – Timber Construction, Altheim/ se-austria GmbH & Co. KG, Schörfling am Attersee

BEGEHBARE HOLZSKULPTUR – DIE SPANNBANDBRÜCKE IN TIRSCHENREUTH

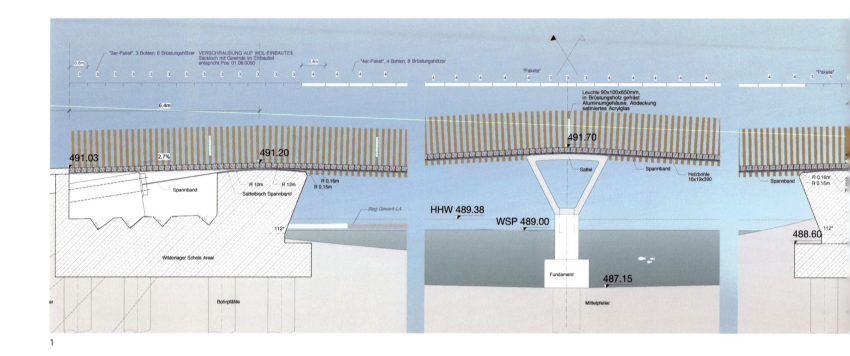

1 Längsschnitt

Die europaweit einmalige Spannbandbrücke wurde im Mai 2013 in Betrieb genommen und war einer der Besuchermagneten der bayrischen Landesgartenschau. Bei dieser skulpturalen Holzbrücke auf hochfesten Stahlbändern versteht sich die Architektur als Tragwerk und das Tragwerk als Architektur.

Wettbewerb und Idee

Die Aufgabe des landschaftsplanerischen Wettbewerbs bestand darin, den Mittelpunkt der Altstadt von Tirschenreuth über den historischen Stadtteich mit dem Gelände der Landesgartenschau rund um den historischen Fischhof zu verbinden. In Anlehnung an das Motto der Landesgartenschau „Natur in Tirschenreuth" entwickelten ANNABAU und Schüßler-Plan gemeinsam die Idee einer begehbaren, skulpturalen Holzkonstruktion, die in Form und Material Bezug zur Historie und Architektur des Ortes nimmt und als geschwungenes Band in Dialog mit der benachbarten Fischhofbrücke aus dem 18. Jahrhundert tritt. Mit ihrer Konstruktion und Formensprache sollte sie sich jedoch deutlich als eigenständiges, signifikantes Bauwerk des 21. Jahrhunderts präsentieren. Die Architekten und Ingenieure entschieden sich für Holz als regenerativen Baustoff, der gleichzeitig auf die Geschichte und den Namen der Stadt Tirschenreuth verweist. Der Grundgedanke des Entwurfs war, möglichst freie Sicht auf den See und das Gelände zuzulassen.

Entwurf und Form

Aus dieser Grundidee heraus wurde eine Spannbandbrücke entwickelt, bei der die tragende Konstruktion faktisch nicht in Erscheinung tritt. Durch die Auflagerung des Brückendecks auf Stahl-Spannbändern sieht der Betrachter nur die Holzkonstruktion in Form eines leicht geschwungenen Bandes. Der Blick über den Teich unter der Brücke hindurch wird durch keinen Pfeiler oder Träger eingeschränkt. Lediglich ein Sattel in der Mitte des Bauwerks dient als Auflager für die Spannbänder. Durch die leichte Beweglichkeit und die vertikal angeordneten Hölzer des Geländers wirkt die Brücke wie vom Wind bewegtes Schilf. Je nach Perspektive verwandelt sich der Holzkörper von scheinbar massiv in eine filigrane und transparente Konstruktion.

Konstruktion

Die Brücke überspannt zwei Felder mit jeweils 37,50 Metern Länge und einem Stich von ca. 55 Zentimetern unter Eigengewicht. Das Spannband ist an den beiden Enden der Brücke im Widerlager verankert und wird in Brückenmitte über einen Umlenksattel geführt. Dieser liegt auf einem ca. 2,40 Meter hohen V-förmigen Mittelpfeiler, der in den Betonsockel bzw. die Gründung elastisch eingespannt ist. Die Bänder bestehen aus hochfestem Stahl und haben im Querschnitt die Abmessung: 500 mm × 25 mm. Die Brücke hat eine lichte Breite von

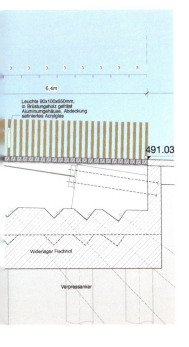

3,50 Metern zwischen den Geländern. Für die Holzkonstruktion kam Berglärche aus dem nahegelegenen Altvater-Gebirge mit einer Dauerhaftigkeitsklasse II–III zur Anwendung. Die Lauffläche der Brücke besteht aus Bohlen mit den Abmessungen 390 × 18 × 16 Zentimeter. Jeweils vier Bohlen mit dazugehörigen Geländerpfosten wurden auf Koppelblechen unter Berücksichtigung des baulichen Holzschutzes zu einem Paket verschraubt. Dieses wurde auf dem Spannband auf durchlaufenden Neoprenstreifen gelagert und fixiert. Jedes Paket bildet damit einen kleinen Vierendeelrahmen und leistet damit seinen Beitrag zur Quersteifigkeit des Überbaus.

Die Verbindung der Holzbohlen mit den Spannbändern ist dabei von zentraler Bedeutung, da sie u. a. die vertikalen und horizontalen Lasten sowie Biegemomente weiterleiten muss. Zudem war es von großer Wichtigkeit, eine holzschutzgerechte Lagerung und vor Korrosion geschützte Verbindung mit Schrauben und Unterlegscheiben zwischen Koppelblechen und Holzbohlen herzustellen und die dynamische Dämpfung mit durchlaufenden Neoprenstreifen zu erhöhen. Eine korrosionsschutzgerechte Verbindung der Koppelbleche mit den Spannbändern musste ebenfalls sichergestellt sein.

Der Vorteil dieser Montageart in Paketen ist, dass ohne großen Aufwand einzelne beschädigte Holzbohlen oder auch ganze Pakete ausgetauscht werden können. Da für

2 Geschwungenes Band
3 Montage eines Bohlenpaketes
4 Untersicht mit Spannbändern

Die Spannbandbrücke in Tirschenreuth

5

das integrale Bauwerk keine Lager oder Übergangskonstruktionen nötig sind, ist es sehr wartungsfreundlich.

Geländerdetail

Die Tirschenreuther Brücke benötigt kein horizontales Geländerelement. Da ein durchlaufendes Holzgeländer aufgrund der weichen Spannbandkonstruktion technisch und gestalterisch nicht überzeugend umsetzbar gewesen wäre, kamen ausschließlich freistehende vertikale Pfosten zum Einsatz. Die vertikalen Durchbiegungen unter Verkehrslast würden im Feldbereich zu einer Verkürzung, über der Mittelstütze zu einer Verlängerung des Handlaufs führen. Daher wären Fugen im Handlauf erforderlich gewesen, um Schäden oder seitliches Ausweichen im Feldbereich zu vermeiden. Solche Fugen hätten als Holzkonstruktion nicht ausgeführt werden können und darüber hinaus eine Klemmgefahr dargestellt. Auf einen Handlauf und jede Art von horizontalen Elementen wurde deshalb verzichtet. Das Geländer besteht somit aus Holzpfosten mit Abmessungen 160 × 20 × 9 Zentimeter im Abstand von ca. 10 Zentimetern.

Baugrund und Gründung

Die Baugrunduntersuchungen ergaben Auffüllungen und wenig tragende Deckschichten. In Tiefen von ca. 5,00 bis 7,50 Metern unter der Geländeoberkante wurde verwitterter Fels erbohrt. Es handelt sich dabei um Gneise und Glimmerschiefer, die oberflächlich stark verwittert und mürbe sind. Aufgrund der geringen Tragfähigkeit des Bodens waren zur Aufnahme der vertikalen Lasten Tiefgründungselemente in Form von Bohrpfählen erforderlich. Mit einer Dicke von 0,6 Metern wurden sie in einer Tiefe von 12 Metern auf tragfähigen Baugrund abgesetzt. Zur Verankerung der Spannbänder und der daraus resultierenden horizontalen Kräfte waren zusätzlich vorgespannte Verpressanker notwendig, die mit einer Neigung von 45 Grad eingebaut wurden.

Das kastenförmige Widerlager sitzt auf einer Pfahlkopfplatte und enthält die Verankerungskonstruktion der beiden Spannbänder. Der Holzbohlenbelag wird über das Widerlager hinweg geführt und ist demontierbar, damit der Innenraum zur Inspektion der Verankerung betreten werden kann. Durch die Ausbildung von 2 Prozent Mindestgefälle ist gleichzeitig die Entwässerung des Raumes gewährleistet. Die sichtbaren, teilweise gerundeten Außenflächen wurden als Sichtbeton in sehr guter Qualität ausgeführt.

Montage

Nach der Fertigstellung der Widerlager und des Mittelpfeilers wurden die Spannbänder auf einem Lehrgerüst verschweißt und mit entsprechender Vorspannung eingebaut. Die endgültige Form der Brücke ergab sich wäh-

5 Die Ingenieure und Architekten entschieden sich für den nachwachsenden Baustoff Holz.
6 Die Geländerpfosten wirken wie von Wind bewegtes Schilf.

rend der Montage der Holzbohlen mit den Geländerpfosten und nach abschließendem Justieren.

Herausforderung dynamische Erregbarkeit

Spannbandbrücken sind leichte und weiche Konstruktionen, die mühelos von Fußgängern zu Schwingungen angeregt werden können. Während horizontale Schwingungen durch einfache konstruktive Veränderungen wie Einspannungen vermieden werden konnten, waren die Randbedingungen für vertikale Schwingungen schwieriger: Holzschutzgerechte Konstruktionen müssen luftumspült und einfach zu erneuern sein. Dadurch ist die Ausbildung einer dämpfenden Ebene über den Spannbändern durch elastische Kopplung der Bohlen in Brückenlängsrichtung nur sehr eingeschränkt möglich. Zudem ist eine Kopplung der frei stehenden Geländerpfosten aus den oben genannten Gründen ebenfalls schwierig und wurde zugunsten des gestalterischen Konzeptes nicht weiterverfolgt. Somit konnte das Geländer nicht zur Dämpfung beitragen. Die dynamischen Berechnungen zeigten, dass die zu erwartenden Beschleunigungen bei vertikalen Schwingungen im unteren Komfortbereich liegen. Zusätzlich enthielten sie eine Unschärfe, da die Dämpfung im Vorfeld sehr schwierig einzuschätzen war. Aus diesem Grund wurde ein Schwingungstilger entwickelt, der bei minimalen Abmessungen nachträglich montiert werden kann und Schwingungen nur im begrenzten Rahmen zulässt.

6

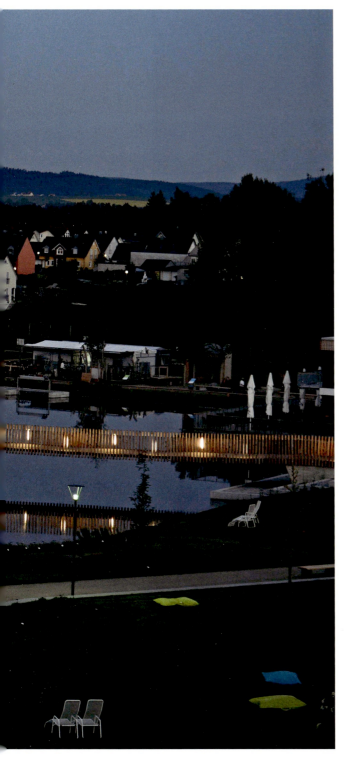

7/8 Die Beleuchtung wurde in das Geländer integriert.

Der Vergleich mit den schwingungstechnischen Messungen am weitgehend fertiggestellten Bauwerk ohne Schwingungstilger ergab dann folgendes Ergebnis: Für horizontale Schwingungen konnte kein relevanter Hinweis für eine fußgängerinduzierte Selbsterregung festgestellt werden. Beim normalen Gehen einzelner Personen über die Brücke wird der minimale Komfort für die vertikalen Schwingungen erreicht. Bei gehenden oder joggenden Personengruppen wird der minimale Komfortbereich unterschritten. Dementsprechend wurde der geplante Schwingungstilger kurz vor der Eröffnung eingebaut und zeigt Wirkung: Der mittlere Komfortbereich wird erreicht, das heißt, leichte Bewegungen bleiben spürbar, ein Aufschaukeln ist jedoch nicht möglich.

Die Spannbandbrücke Tirschenreuth ist ein architektonischer Meilenstein und gilt mittlerweile als ein neues Wahrzeichen der Stadt. Möglich wurde diese Brücke nur durch die Wiederherstellung der historischen Situation um den Fischhof und die Flutung des Stadtteiches. Zu Ehren des engagierten Bürgers, der sich jahrelang dafür eingesetzt hatte, wurde dem Bauwerk durch den Stadtrat der Name „Max-Gleißner-Brücke" verliehen.

Wolfgang Strobl

OBJEKT
Spannbandbrücke in Tirschenreuth
STANDORT
Tirschenreuth, Deutschland
BAUZEIT
2012–2013
BAUHERR
Stadt Tirschenreuth, Natur in Tirschenreuth 2013 GmbH
INGENIEURE + ARCHITEKTEN
Architekten: ARGE ANNABAU, Architektur und Landschaft, Berlin
Ingenieure: Schüßler-Plan, Berlin

PREIS
Nominiert für den Brückenbaupreis 2014 in der Kategorie Fußgänger- und Radwegbrücke

TRAGWERKS- UND FASSADENPLANUNG AUS EINER HAND – DIE KING FAHAD NATIONALBIBLIOTHEK IN RIAD

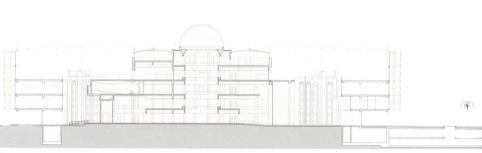

1 Das ehemalige Bestandsgebäude. Der Haupteingang zur Bibliothek lag hier noch an der belebten Magistrale.
2 Schnitt durch das Gebäude

In der Hauptstadt Saudi-Arabiens entstand eine Bibliothek, deren Fassade zum Ausdruck bringt, was hinter ihr steckt: die Verbindung von Tradition und Moderne.

Ein Gebäude, das als Bibliothek genutzt wird, muss zwei zentrale Funktionen erfüllen: Schutz der darin vorgehaltenen Medien und Bereitstellung von Räumen, die ruhiges und konzentriertes Arbeiten ermöglichen. Darüber hinaus erscheinen jedoch Bibliotheksbauten – vor allem solche von nationaler Bedeutung – als Repräsentanten einer kulturellen Identität. Sie werden als öffentliche Institution verstanden, deren Charakter den Ort des Wissens und Lernens mit dem einer Begegnungsstätte verbindet. Moderne Bibliotheksarchitektur muss diese vielfältigen Funktionen mit entsprechend hohen technischen Anforderungen in Einklang bringen. Für den Entwurf der neuen König Fahad Nationalbibliothek in Riad galten diese Herausforderungen in einem besonderen Maße. Aufgabe war es, ein der arabischen Kultur entsprechendes Gebäude zu entwerfen, das diesen traditionell behafteten Ort würdigt. Zusätzlich galt es, den kreuzförmigen, von einer Kuppel gekrönten und mit weißem Marmor verkleideten Altbau der Bibliothek aus den 1980er-Jahren zu integrieren. Aber insbesondere das Klima mit Außentemperaturen von bis zu 50 Grad Celsius generiert Anforderungen, die weit über das in Europa gebräuchliche Maß hinausgehen. 2002 gewann das Büro Gerber Architekten international den auf zwölf Teilnehmer begrenzten Wettbewerb mit einem ganzheitlichen, gleichermaßen technologisch modernen wie kulturell respektvollen Entwurf.

Die Bibliothek befindet sich im Al Olaya Distrikt an der King Fahad Road, der großen Magistrale der Stadt, in der Nähe des Al Faisaliah Towers. Die Architekten entwarfen die Bibliothek als klaren zeichenhaften Glaskubus, in dessen Kern der mit einer Kuppel gekrönte Altbau als zentrales Element integriert wurde. Dieser dient heute als Büchermagazin, während der transparente quaderförmige Neubau die Administration, Ausstellungsflächen, Restaurants sowie ein repräsentatives Entree beherbergt.

Das einstige Dach wurde zur offenen Leseebene, von welcher aus Brücken auf das oberste Geschoss des Neubaus führen, das als Freihandbereich dient. Eine vom Bauherrn geforderte separat zugängliche Bibliothek, in der sich Frauen auch ohne Burka aufhalten können, befindet sich im ersten Obergeschoss. Alle anderen Bereiche der Bibliothek sind für Frauen und Männer gleichermaßen nutzbar. Es wurde außerdem ein repräsentativer Empfangs- und Bürotrakt eines Prinzen des saudischen Königshauses integriert.

Das helle Atrium mit seinen vier Innenhöfen, das von der Spannung zwischen Alt- und Neubau lebt, dient als Erschließungszone mit hohem Aufenthaltswert und über-

3
4

3 3-D-Axonometrie
4 Tragende Seilnetzkonstruktionen

nimmt zudem Belichtungs- und Belüftungsfunktionen. Unter dem von länglichen Oberlichtern durchbrochenen Dach filtern Membranen das Tageslicht und versorgen alle Räume gleichmäßig mit blendfreiem Licht. Die Kuppel des Altbaus wurde aus Stahl und Glas neu errichtet und krönt nun das neue Gebäude als kulturelles Symbol.

Charakteristisch für dieses Projekt ist die Kombination aus Tragwerks- und Fassadenplanung aus einer Hand. Der integrale Ansatz erwies sich auch über die Fassadenplanung hinaus als vorteilhaft. Dies betraf auf der einen Seite die Integration des Altbaus in den Neubau und auf der anderen Seite die extremen klimatischen Bedingungen. Der Entwurf zielte nicht nur auf eine filigrane, zeichenhafte Architektur, sondern auch auf eine in der Region bisher einmalige Nachhaltigkeit. Neben energiesparenden Techniken wie Bauteilaktivierung und einer äußerst effizienten Schichtlüftung wurde besonderes Augenmerk auf die Fassadenkonstruktion gelegt, für deren Optimierung die Zusammenarbeit zwischen allen Planungsbeteiligten grundlegend war.

Schwebende Membranhülle mit komplexer Seilnetzkonstruktion

Der Bibliotheksbau wird von einer vorgehängten filigranen Textilfassade umhüllt, welche die arabische Tradition der Zeltkonstruktionen auf technologisch moderne Art und Weise neu interpretiert. Gleichzeitig ist der Verweis auf das im kulturellen Verständnis verankerte Prinzip des Verhüllens spürbar.

Für die Fassade wurde gemeinsam mit den Architekten und den Ingenieuren von DS-Plan ein ganzheitliches Konzept entwickelt. Unsere Aufgabe bestand darin, die Form der Membranhülle mit zu entwickeln und die tragende filigrane Seilnetzkonstruktion entsprechend dem Entwurf zu optimieren, statisch zu berechnen, Detaillösungen zu konzipieren sowie geeignete Materialien zu bemustern. Mit einem Abstand von 4,80 Meter zur Ganzglasfassade dient die transluzente Hülle als wirkungsvoller Sonnenschutz und erlaubt zugleich seitliche Durchblicke. Geschosshohe, etwa 5 Meter große Elemente aus einem Glasfasergewebe sind jeweils seitlich an Rundrohren befestigt.

Die Unterkonstruktion in zwei parallelen Ebenen besteht aus ca. 400 verzinkten Stahlseilen, die an aufgehängten Stahlgurten des Daches hängen und zu den Betondecken des ersten und zweiten Geschosses zurückgespannt werden. Die Seile sind vorgespannt, um horizontale Bewegungen der rund 1000 Membranflächen unter Windlasten zu minimieren.

Die Planung des Stahlseilnetzes erforderte eine nichtlineare dreidimensionale Computer-Analyse, in der die Vorspannung der Seile unter Einbeziehung von Wind-

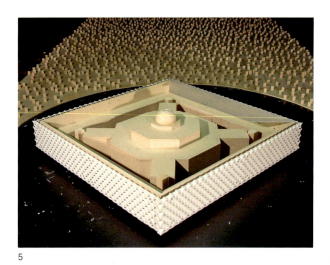
5

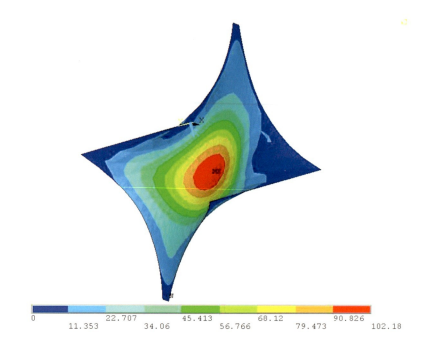
6

lasten und thermischen Effekten untersucht und im Tragwerksentwurf, in der Detailplanung und in den Stabnachweisen berücksichtigt wurde. In diesem Zusammenhang wurde das Birkenfelder Büro Wacker Ingenieure mit einem Wind-Tunnel-Test beauftragt, für den eigens ein 1:150 skaliertes Modell des Bibliotheksgebäudes hergestellt wurde.

Zentraler Teil der Planung war die Entwicklung der komplexen Knotenpunkte und Stahlbaudetails. Eine besondere Aufgabe stellten dabei die anspruchsvollen Geometrien an den Gebäudeecken dar. Sechs unterschiedliche Membranelemente wurden entwickelt, neben den Standardelementen auch die entsprechenden Zuschnitte für Sockel-, Trauf- und Eckbereiche.

Die dreidimensionale Wirkung der Elemente entsteht dadurch, dass die hintere Spitze der rautenförmigen Textilmembranen nach oben und die vordere nach unten geführt werden. So ergibt sich eine komplexe Struktur, die den Innenraum mit einer Lichtdurchlässigkeit von lediglich 7 Prozent vor der Sonne schützt und damit Wärmelasten vermeidet sowie gleichzeitig Transparenz mit Durchblicken in beide Richtungen erlaubt.

Unsere Leistung umfasste die Formfindung unter Berücksichtigung der Membranstatik, der unterschiedlichen Steifigkeiten und der Webrichtungen der Flächen mithilfe des Finite-Elemente-Programms ANSYS sowie eigens entwickelter Skripte. Der Ausgangsentwurf wurde dabei nicht wesentlich verändert, lediglich die Geometrien wurden leicht modifiziert, um gleichmäßige Spannungszustände innerhalb der Membranelemente herzustellen.

Weiterhin galt es, den Bauherrn und die lokale Stahlbaufirma bei der Montage des Seilsystems zu beraten und zu unterstützen. Da das gesamte System am weichen Dachtragwerk befestigt ist und das Spannen eines Seils zum Entspannen des nächsten geführt hätte, konnten diese nicht beliebig nacheinander gespannt werden. So bestand eine der größten Herausforderungen darin, die ausführende Firma von der Notwendigkeit einer Montageplanung zu überzeugen, einerseits zur Verbesserung der Sicherheit der Beschäftigten auf der Baustelle und um den Verzug durch unkoordiniertes Arbeiten zu minimieren.

Besondere Untersuchungen waren aufgrund der enormen Temperaturunterschiede zwischen Tag und Nacht notwendig. So kann sich beispielsweise Stahl bei direkter Sonneneinstrahlung auf bis zu 80 Grad Celsius aufheizen und entsprechend ausdehnen. Nachts sinken dagegen die Temperaturen in den Wintermonaten sogar bis unter den Gefrierpunkt, was das Material wiederum schrumpfen lässt und in diesem Fall entsprechende Auswirkung auf den Spannungsgrad der Stahlseile hat. Die starke Sonneneinstrahlung machte außerdem eine

5 Das 1:150-Model im Windkanlal
6 Analyse der Membranelemente

7 Das Stahldach vor der Montage der Membranen, welche zukünftig das Tageslicht filtern werden.
8 Blick in das Foyer nach Fertigstellung. Die montierten Membranen versorgen alle Räume mit blendfreiem Licht. Eine eindrucksvolle Rolltreppe führt auf die Leseebene über dem Altbau.
9 Auch die Sonnenschutzsegel der Außenfassade sorgen für angenehme Lichtverhältnisse.

spezielle UV-Beständigkeit der Membranen nötig. Auch hier waren wir bei der Materialsuche und -ausführung beratend tätig.

Tragwerk Gesamtkomplex

Eine der Hauptaufgaben der Tragwerksplanung bestand in der Abschätzung des Tragverhaltens des Altbaus ohne genaue Kenntnis der ursprünglichen statischen Berechnungen. Ein lokaler Gutachter wurde mit einer ausführlichen Bestandsaufnahme beauftragt, um die Korrektheit bestehender Bewehrungs- und genereller Positionspläne zu überprüfen und neue Bestandspläne zu erstellen. Auf deren Grundlage wurde das Tragvermögen des Gebäudes ermittelt und darauf aufbauend das Bestandsgebäude konstruktiv so ergänzt, dass die zusätzlichen Lasten durch die neue Nutzung gleichmäßig in die Fundamente geleitet werden können.

Der gesamte Gebäudekomplex wird von einem Stahldach überdeckt, das eine maximale Spannweite von 50 Metern und eine Höhe von vier Metern besitzt. Die vorhandene Stahlbeton-Kuppel wurde als Stahl-Glas-Konstruktion neu gestaltet und überragt das neue Dach.

Für die großzügige Gestaltung der durch den Neubau entstandenen Innenhöfe wurden jeweils nur zwei Innenstützen eingesetzt.

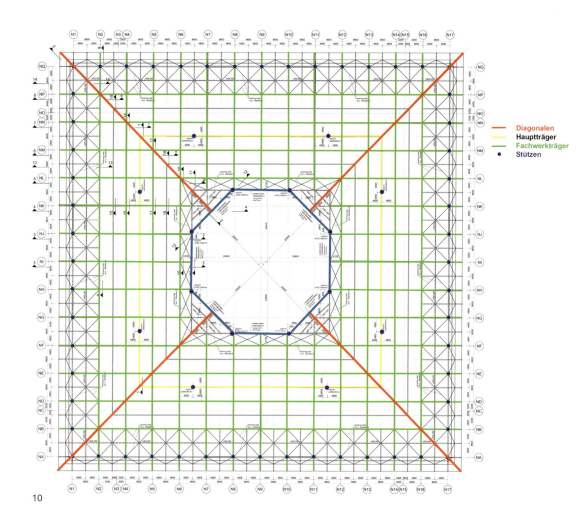

10 Das Stahldach in der Draufsicht

Das Dach liegt auf den Obergeschossen des Neubaus auf, seine Lasten werden über acht Hauptstützen und 56 Außenstützen abgetragen. Auf den Hauptstützen ruhen die Hauptträger, die im Grundriss ein Quadrat bilden. Orthogonal zu diesen stehen auf jeder Seite 13 Fachwerkträger zur Verfügung, die sich jeweils von den Randstützen über den Hauptträger zu einem zentralen Innenring spannen, der die Kuppel umschließt. Die Eindeckung erfolgte mit Trapezblechen, die von Pfetten getragen werden. Diese formen in Verbindung mit Kreuzverbänden eine starre Scheibe, welche das Dach gegen Horizontallasten aussteift.

Komplexe Simulationen, ein intensiver Wissenstransfer, insbesondere zur örtlichen Stahl- und Membran-Baufirma, und eine integrale Planung haben auch unter diesen speziellen Bedingungen die Realisierung eines nachhaltigen Gebäudes ermöglicht, das hohe architektonische Ansprüche und vielfältige Nutzungsanforderungen erfüllt sowie durch Respekt für die regionale Kultur gekennzeichnet ist.

Die King Fahad Nationalbibliothek, einer der aktuell wichtigsten Kulturbauten des Königreichs Saudi-Arabien, wurde im November 2013 fertiggestellt und ihrer Bestimmung übergeben. Durch die gelungene Verbindung von Alt und Neu, Tradition und Moderne zeigt sie ein einheitliches und repräsentatives Erscheinungsbild. Der moderne Bibliotheksbau mit seiner charakteristischen ornamental wirkenden Hülle wird dem Anspruch, städtisches und kulturelles Wahrzeichen zu sein, in zeitgemäßer Weise gerecht. Die ausgeführte Segelstruktur verweist auf traditionelle Ornamentik ebenso wie auf klassische arabische Zeltkonstruktionen und kann trotz moderner Ingenieurbaukunst und Technologie als Zeichen kultureller Kontinuität interpretiert werden.

Klaus Bollinger, Manfred Grohmann, Mark Fahlbusch, Susanne Nowak

OBJEKT
King Fahad Nationalbibliothek
STANDORT
Riad, Saudi-Arabien
BAUZEIT
2008–2013
BAUHERR
Königreich Saudi-Arabien
INGENIEURE + ARCHITEKTEN
Architekten: Gerber Architekten international GmbH
Tragwerksplanung: Bollinger + Grohmann
Ingenieure vor Ort: Saudi Consulting Services
Tragwerksplanung (Wettbewerb): schlaich bergermann und partner
BAUAUSFÜHRUNG
Generalunternehmer: Saudi Bin Laden Group, Riad
Haus-, Klima- und Lüftungstechnik: DS-Plan (Drees & Sommer Group)
Fassadentechnik: EFT Euro Facade Technology, Nuis

WETTBEWERB
1. Platz internationaler Wettbewerb 2002

Die King Fahad Nationalbibliothek in Riad

STÄHLERNER FITTICH – DIE ÜBERDACHUNG DER AUSFAHRT VOR DEM KUNDENCENTER DER AUTOSTADT IN WOLFSBURG

1

Ein doppelt gekrümmtes Seilnetztragwerk beschirmt in der Autostadt die Autokäufer.

Nicht wenige Menschen haben ein besonderes Verhältnis zu ihrem fahrbaren Untersatz. Wenn ein neues Auto gekauft wird, machen sie ein Familienereignis daraus, reisen mit der Bahn ins Werk und nehmen das neue „Familienmitglied" persönlich in Empfang. Volkswagen-Kunden erleben dieses einschneidende Ereignis in der Autostadt in Wolfsburg – einem automobilen Themen- und Erlebnispark. Mit Automobilmuseum, Events für die ganze Familie und mit den Pavillons der unter dem Konzerndach vereinten Marken. Und mit dem „KundenCenter", in dem die Übergabe wie ein Initiationsritus zelebriert wird. Nach der Übergabe setzt sich der Kunde in sein neues Auto, fährt zum Tor hinaus – und fängt an, nervös an den Bedienungselementen herumzuprobieren, um nicht gänzlich unvorbereitet in den Straßenverkehr zu geraten. Denn immer mehr Elektronik wird in die Fahrzeuge eingebaut und weniger kann man ein Fahrzeug spontan führen und beherrschen. Jeder Mietwagenbenutzer kennt das Problem. Erkannt hat man das Problem auch in der Autostadt und so wurde die „Ehrenrunde" eingerichtet, eine kleine Teststrecke gleich neben dem Gebäude, wo der Kunde stressfrei ein wenig üben kann, wo es Standplätze zum Ausprobieren der Bedienungselemente gibt und die Assistenz durch hilfreiche Geister dazu. Doch wenn es regnet?

Ein Dach stellte man sich vor, das 1.600 Quadratmeter Fläche vor Regen, Sonne und Schnee schützen sollte, unter dem man sich in Ruhe einweisen lassen kann.

Da die Pavillons in der Autostadt alle architektonisch anspruchsvoll auftreten, entstand die Gestaltung des Dachs gemeinsam mit den Berliner Avantgarde-Architekten von GRAFT.

Mit schlaich bergermann und partner zusammen realisierten diese die Konstruktion, die eigentlich nichts ist als ein pures Tragwerk und wie ein Blatt in der Landschaft wirkt. Sie wählten dafür einen Klassiker der leichten Flächentragwerke, das doppelt gekrümmte Flächentragwerk mit einem Seilnetz im Druckring. Die Form erinnert an einen Kartoffelchip („Pringle") und harmoniert durch ihre weichen Kurven mit der vom Büro WES LandschaftsArchitektur hügelig geformten Parklandschaft in der Autostadt.

Die Dachfläche wird durch zwei gegensinnig gekrümmte, rechtwinklig zueinander gespannte Seilscharen gebildet, wobei die Krümmung einer Seilschar durch die Umlenkkräfte der jeweils anderen erzeugt wird, sodass eine räumliche Sattelfläche entsteht. Die von oben gesehen konkav gekrümmten Seile, deren Kraft unter Eigengewicht und Schneelast zunimmt, werden als Tragseile bezeichnet, die konvex gekrümmten sind die Spannseile.

1 Die Form des doppelt gekrümmten Flächentragwerks erinnert an einen Kartoffelchip („Pringle")
2 Das Seilnetz ohne Membran
3 Explosionszeichnung der Überdachung
4 Ansicht eines Fußpunktes

2

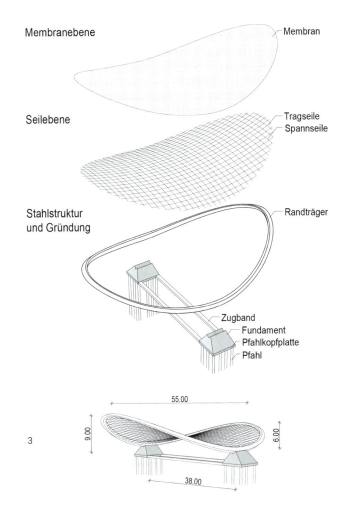

3

Ziel war, für den auf zwei Fußpunkten balancierenden Druckring für den Lastfall Eigengewicht plus Seilvorspannung eine biegemomentfreie Geometrie zu finden, was ihn so schlank und leicht und damit architektonisch so elegant wie möglich macht. Unterstützt man den Randträger an seinen Tiefpunkten, werden die Hochpunkte durch das Seilnetz nach oben gezogen. Biegemomentfrei wird der Träger, wenn man die Zugkräfte der Spannseile und das Eigengewicht des Randträgers ins Gleichgewicht bringt, und zwar an jedem einzelnen Seilverankerungspunkt.

Wo der Druckring (eigentlich ein onduliertes „Druckoval") an seinen beiden Längsseiten auf pyramidenförmigen Fundamenten auflagert, sind außer der Eigenlast des Dachs horizontale Schubkräfte abzuleiten. Diese werden nicht aufwendig in das Erdreich geführt, sondern die beiden auf 20 Meter langen Pfählen verankerten Fundamente sind unterirdisch über ein Stahlbetonband miteinander verbunden, wodurch sich die Schubkräfte gegenseitig kompensieren.

Es gibt jedoch neben dem Eigengewicht eine Vielzahl von Lastfällen, die bei der Formfindung und Dimensionierung zusätzlich berücksichtigt sein wollen. Unterschiedliche Lasten durch Schnee und Eis, durch Ausfall einzelner Seile, Windlasten, zusätzliche dynamische Effekte (Resonanzschwingungen) etc. machen die Formfindung des räumlich geformten Stahlrandträgers mit

4

5 Detailansicht des Seilnetztragwerks
6 Detailansicht einer Klemmverbindung
7 Ansichtszeichnungen der Überdachung
8 Ansicht von unten

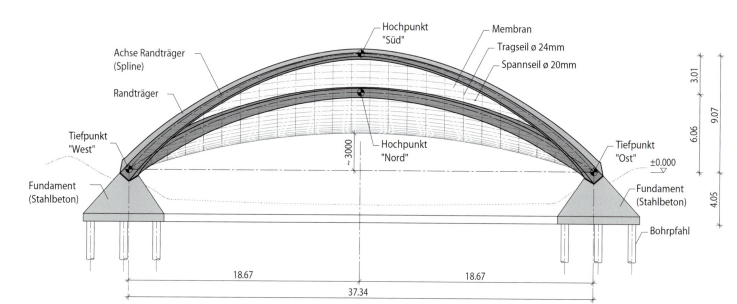

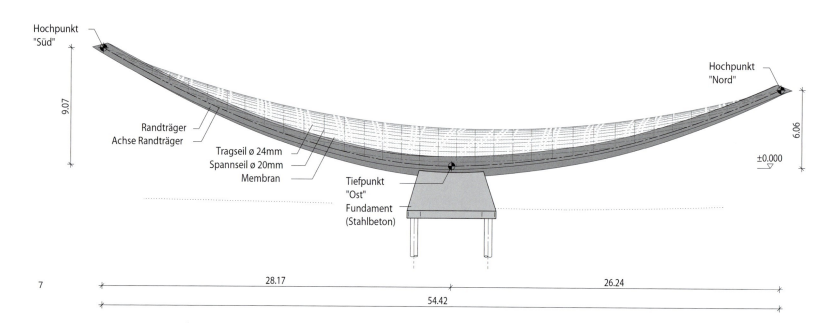

8

variablem Querschnitt zum äußerst komplexen Vorgang. Gerade die Windlasten sind für das mit 8,3 kg/m² Flächengewicht sehr leichte Dach von erheblicher Bedeutung. Meist überlagert jedoch ein bedeutender Lastfall in seinen Auswirkungen alle anderen. Zudem sind die letzten Verfeinerungsstufen der Randträgeroptimierung nicht mehr sinnvoll, weil der Materialgewinn zu gering ausfällt und andere Aspekte wie Ästhetik und Baubarkeit stärker ins Gewicht fallen. Der Randträger ist ein fünfeckiger Hohlkastenträger mit von 16 bis 30 Millimetern variierenden Blechstärken, der aus doppelsinnig gekrümmten Mantelblechen gefertigt ist. Der 130 Tonnen schwere Träger wurde in zehn Segmenten angeliefert und auf der Baustelle verschweißt.

Das Seilnetz besteht aus im Abstand von 1,5 Metern gespannten, offenen Spiralseilen mit einem Durchmesser von 24 Millimetern (Tragseile) und 20 Millimetern (Spannseile). Die Dachhaut selbst ist ein oberhalb des Seilnetzes gespanntes, einlagiges PTFE-beschichtetes Glasfasergewebe, das an den Kreuzungspunkten der Seile mit einer eigens entwickelten, kraftschlüssigen und dichten Klemmverbindung befestigt ist. Die in Mexiko gefertigte weiße Membran ist ein wirksamer Schutz gegen UV-Strahlung und lässt 12 Prozent des Lichts passieren.

Die Fläche wurde aus drei Meter breiten Bahnen zusammengesetzt, verschweißt, als sorgfältig zusammengelegtes Gesamtpaket auf die Baustelle transportiert und vor Ort als Ganzes eingesetzt. Kett- und Schussrichtung des Gewebes liegen dabei parallel zu den Trag- und Spannseilen, um das Nahtlayout mit dem Seilnetz zu synchronisieren und gleichzeitig den Verschnitt zu minimieren. Der 3-Zentimeter-Abstand der Membran vom Seilnetz ist groß genug, um ein Berühren unter Winddruck zu vermeiden und klein genug, um ein Anschmiegen unter Schnee zum Lastabtrag zu ermöglichen und Vögeln keine Sitzmöglichkeit zu bieten. Die Durchstoßpunkte für die Membranklemmteller und Membranverstärkungen wurden vor Ort hergestellt.

Besonderes Augenmerk wurde auf die ruhige, möglichst gleichförmige und sorgfältig detaillierte Ausbildung der Fittings, Membranklemmen und Anschlusslaschen gelegt, wie es den Architekten und den Ingenieuren insgesamt darauf ankam, ein homogenes Erscheinungsbild des Dachs zu erzeugen, das in seiner Eleganz und Perfektion den High-Tech-Automobilen entspricht, mit denen sich die Autokäufer unter seinen Fittichen vertraut machen.

15 Monate Planungs- und Bauzeit standen zur Verfügung, um das signifikante Bauwerk hauptsächlich nachts zu realisieren, damit der Betrieb in der Autostadt so wenig wie möglich beeinträchtigt wird.

Falk Jaeger, Mike Schlaich

OBJEKT
Überdachung der Ausfahrt vor dem KundenCenter der Autostadt in Wolfsburg
STANDORT
Autostadt in Wolfsburg
BAUZEIT
01/2013–07/2013
BAUHERR
Autostadt GmbH
INGENIEURE + ARCHITEKTEN
Architekten: GRAFT, Berlin
Tragwerksplanung: schlaich bergermann und partner, Berlin
Lichtplanung: Kardorff Ingenieure Lichtplanung GmbH
Prüfingenieur: Prof. Hartmut Pasternak, Braunschweig
Bauüberwachung: Inros Lackner SE, Hannover
BAUAUSFÜHRUNG
Stahl: Eiffel Deutschland Stahltechnologie GmbH, Hannover
Membran: Taiyo Europe GmbH, Sauerlach, mit formTL, Radolfzell

Die Überdachung der Ausfahrt vor dem KundenCenter der Autostadt in Wolfsburg

JÖRG SCHLAICH
UND DIE STUTTGARTER SCHULE DES KONSTRUKTIVEN INGENIEURBAUS

Zweite Hooghly-Brücke in Kalkutta, Indien (1993)

Mit der Stuttgarter Schule wird zunächst einmal eine Stil- und Ausbildungsrichtung der Architektur in Verbindung gebracht, gelehrt und vertreten an der Technischen Hochschule Stuttgart. So wie Architekten in der gesellschaftlichen Wahrnehmung wesentlich präsenter sind, so ist die *Stuttgarter Schule des Konstruktiven Ingenieurbaus* [1] deutlich unbekannter. Aber gerade im Zusammenhang mit dem kreativen Arbeiten im Ingenieurwesen erscheint eine fundierte Analyse ihrer Besonderheiten überfällig. Beispielsweise verweist Bill Baker (*1953), Partner und Chefingenieur bei Skidmore Owings & Merrill (SOM), Chicago, USA als Fritz-Leonhardt-Preisträger 2009 auf die kreative Herangehensweise als wesentliches Element in der (Bauingenieur-)Ausbildung an der Universität Stuttgart [2]. Ganz maßgebliche Prägung erhielt die *Stuttgarter Schule des Konstruktiven Ingenieurbaus* Ende des 20. Jahrhunderts durch Jörg Schlaich (*1934), an dessen Arbeits-, Lehr- und Forschungsansatz sich auch die benannte kreative Herangehensweise ableiten lässt.

Die Stuttgarter Schule der Architektur

Die wesentlich bekanntere Stuttgart Architekturschule konstituierte sich zwischen den beiden Weltkriegen durch Hochschullehrer an der Technischen Hochschule Stuttgart wie Paul Bonatz (1877–1956) und Paul Schmitthenner (1884–1972). Ihr Wirken ist maßgeblich beeinflusst von Theodor Fischer (1862–1938), der zwischen 1901 und 1908 in Stuttgart lehrte und dabei eine grundsätzliche Erneuerung der Architektur einleitete. Markant ist die von ihm herbeigeführte enge Verbindung von Architektur und Städtebau, die Einbindung des Bauwerks in die spezifischen Bedingungen des Ortes und der Region sowie die sorgfältige Fügung und Detailierung [3].

In den folgenden Jahren führte dies zu Veränderungen des Curriculums, weg von den wissenschaftlichen Pflichtfächern – die letztendlich abgeschafft wurden – hin zu einer Integration der praktischen Anforderungen in die Ausbildung. Das Entwerfen und Konstruieren stand nun von Studienbeginn an im Fokus und der Baukonstruktion kam eine besondere Bedeutung in der Lehre zu [3]. Es erscheint rückblickend schlüssig, dass dieses Konzept auch die Grundlage für eine enge Klammer zu den Bauingenieuren bildete.

Nach dem Zweiten Weltkrieg knüpft die zweite Stuttgarter Schule mit Richard Döcker (1894–1968), Rolf Gutbrod (1910–1999) und Rolf Gutbier (1903–1992) an das Erbe an, nicht jedoch ohne eigene Akzente zu setzen. Insbesondere die Zusammenarbeit mit den Bauingenieuren institutionalisiert sich; 1951 wechselte Wilhelm Tiedje (1898–1987) von der Architekturfakultät zur Fakultät für Bauingenieurwesen und legte damit den Grundstein für ein beispielgebendes Modell, das mit Hans Kammerer (1922–2000), Kurt Ackermann (1928–2014) und Eberhard Schunk (*1937) fortgeführt wurde [4].

Umgekehrt verkörperte Curt Siegel (1911–2004) bei der Architektur einen neuen, anschaulichen Ansatz der Tragwerkslehre. Mit seinem Buch *Strukturformen der modernen Architektur* erteilt Siegel einer „kleinen Baustatik" für Architekten nicht nur eine klare Absage, sondern setzt auf das qualitative Verständnis von Last, Beanspruchung und Form. Mit Fritz Leonhardt veranstaltete er gemeinsame Entwurfsseminare für Bauingenieur- und Architekturstudenten [5].

Die Stuttgarter Schule des Konstruktiven Ingenieurbaus

In engem Kontakt zur Stuttgarter Architekturschule, aber auch in Konkurrenz zu anderen Ingenieurschulen formierte und positionierte sich die *Stuttgarter Schule des Konstruktiven Ingenieurbaus*. Insbesondere anhand von drei Persönlichkeiten lassen sich die Entwicklungen hervorheben, die prägend waren für das, was man getrost auch als die drei Hochphasen bezeichnen kann: Emil Mörsch (1872–1950), Fritz Leonhardt (1909–1999) und Jörg Schlaich (*1934) (Bild 1). Als wesentliche Merkmale in allen Phasen können die enge Wechselwirkung zwischen *Praxis und Wissenschaft*, das Verhältnis von *Komplexität und Einfachheit* und der ganzheitliche Ansatz von *Entwurf und Konstruktion* identifiziert werden und hierauf bauen die kreativen Ansätze im Ingenieurwesen auf.

1 Jörg Schlaich (*1934)

Praxis und Wissenschaft

Ein besonderes Merkmal der *Stuttgarter Schule des Konstruktiven Ingenieurbaus* ist die Verbindung zwischen Praxis und Wissenschaft, die sich auch als eine Triade aus Industrie und Verwaltung einerseits und Wissenschaft andererseits darstellen lässt. Gemäß einer induktiven Vorgehensweise liegt dann einer Forschungsfrage meist eine konkrete Aufgabenstellung aus der Praxis zugrunde, die dann systematisch auf ihre Grundlagen zurückgeführt wird. Umgekehrt ermöglichen umfängliche theoretische Grundkenntnisse die Deutung von Forschungs- oder Berechnungsergebnissen oder die Einschätzung von Entwurfsvarianten.

Insbesondere Jörg Schlaich gelang es, die wissenschaftlichen Ansätze der induktiven und deduktiven Vorgehensweise optimal zusammenzuführen und die scheinbaren Gegensätze aufzuheben. Die Ursachen sind in seinem Studium an der TU Berlin zu finden; die Ausbildung war geprägt vom grundlagenorientierten deduktiven Ansatz Franz Dischingers (1887–1953).

Triade Wissenschaft, Verwaltung und Industrie

Als Begründer der *Stuttgarter Schule des Konstruktiven Ingenieurbaus* kann Emil Mörsch (Bild 2) gelten. Bis zu seiner Berufung an die TH Stuttgart 1916 verinnerlichte er sämtliche Perspektiven der Triade Wissenschaft, Verwaltung und Industrie (Bild 3).

Nach dem Studium des Bauingenieurwesens an der TH Stuttgart 1894 arbeitete er zunächst als Regierungs- und Bauführer in der ministeriellen Abteilung für Straßen- und Wasserbau in Stuttgart und dann im Brückenbüro der Württembergischen Staatseisenbahnen. Mörsch lernte dort den Zug des Verwaltungshandelns zur Bauwissenschaft und Bauwirtschaft (Bild 3b) kennen. Anfang 1902 wechselte er zur Firma Wayss & Freytag in Neustadt/Pfalz und wirkte dort bis 1904 als Leiter des Technischen Büros, wo er die zweite Industrialisierung im Bauwesen in Gestalt des Stahlbetonbaus mit voranbrachte. Danach wurde Mörsch zum Professor für Statik, Brückenbau und Eisenbetonkonstruktionen an die ETH Zürich berufen und trieb die industrieförmige Bauartwissenschaft des Stahlbetons (Bild 3c) maßgebend voran; vier Jahre später kehrte er in den Vorstand der Wayss & Freytag AG zurück. Von 1916–1939 wirkte Mörsch als Professor für Statik, Eisenbetonbau und gewölbte Brücken an der TH Stuttgart.

Seine besonderen Verdienste bei der Verwissenschaftlichung der industriellen Praxis des Stahlbetonbaus (Bild 3a) können nicht überschätzt werden. Schon 1902 publizierte Mörsch im Auftrag seiner Firma die erste Auflage seines Buches *Der Betoneisenbau, Seine Anwendung und Theorie*, das später unter dem Titel *Der Eisenbeton, Seine Theorie und Anwendung* zahlreiche Auflagen und eine enorme Umfangssteigerung erlebte. Die hier formulierte Stahlbetontheorie avancierte für mehr als ein halbes Jahrhundert zur Standardtheorie und war Grundlage der ersten deutschen Regelwerke (ab 1904) – insbesondere formulierte Mörsch auch die Fachwerkanalogie in klassischer Gestalt (1907).

Zugrunde liegen der Stahlbetontheorie umfängliche Versuche an der Materialprüfanstalt Stuttgart (MPA), die 1884 von Carl von Bach (1847–1931) (Bild 4) gegründet wurde, die einen wichtigen Akteur der *Stuttgarter Schule des Konstruktiven Ingenieurbaus* darstellt. Die Bauabteilung stieg unter Otto Graf (1881–1956) in den 1930er-Jahren zur führenden Institution der Versuchsforschung im Bauwesen auf [7]. Nicht nur Mörsch, sondern auch Hermann Maier-Leibnitz (1885–1962), Karl Schaechterle (1879–1971), Karl Deininger (1896–1956), Fritz Leonhardt, Kurt Schäfer und Jörg Schlaich arbeiteten erfolgreich mit der MPA Stuttgart zusammen.

Mörschs fundamentales Wirken im Stahlbetonbau liegt darin begründet, dass sich die Triade Wissenschaft, Industrie und Verwaltung in seinem beruflichen Handeln als Integration der Perspektive der Industrie (Bild 3a), der Verwaltung (Bild 3b) und der Wissenschaft (Bild 3c) auf geradezu idealtypische Weise verwirklichen konnte, mithin die Dreiheit sich nicht nur nach objektiver, sondern auch nach subjektiver Seite vollendete. So antizipierte Mörsch den Typus des modernen Technikwissenschaftlers des 20. Jahrhunderts, der zum Träger

2 Emil Mörsch (1872–1950), 1929

von Vergesellschaftungsprozessen im triadischen Verhältnis von Wissenschaft, Industrie und Verwaltung avancierte.

Die Kunst des Konstruierens

Die *Stuttgarter Schule des Konstruktiven Ingenieurbaus* entwickelte sich in den folgenden Jahren des 20. Jahrhunderts zur Blüte und hat nicht nur in Ingenieurkreisen weltweite Beachtung gefunden, sondern ist interessanterweise auch in die Literatur eingegangen.

In Martin Walsers Roman *Brandung* findet sich eine kurze Unterhaltung seines Protagonisten Helmut Halm mit dem Leipziger Bauingenieurwissenschaftler Zipser, die beide an einer kalifornischen Eliteuniversität als Gastwissenschaftler wirken: *Sein großes Vorbild sei ein Stuttgarter, Professor Leonhardt. Leonhardt sei eine Potenz höher als er, Zipser. Ein Genie. Als Halm sagte, er wohne keine zehn Minuten von Leonhardts Fernsehturm, freute sich Zipser noch mehr. Er würde lieber ein Semester in Stuttgart verbringen als hier* [8, S. 81]. Unbestritten bis heute ist Fritz Leonhardt (Bild 5) ein internationaler Großmeister des Konstruktiven Ingenieurbaus, bedeutendster deutschsprachiger Konstruktiver Ingenieur der zweiten Hälfte des letzten Jahrhunderts und einer der Hauptvertreter der Stuttgarter Schule des Konstruktiven Ingenieurbaus. So wurden seine auch in fremde Sprachen übersetzten roten Lehrbücher des Stahl- und Spannbetonbaus für Generationen von Ingenieuren in der Praxis und an den Hochschulen Grundlage des Studiums und Quelle der Inspiration [9].

Fritz Leonhardt war es auch, der Frei Otto (*1925) an die Universität Stuttgart holte. Dessen Institut für Leichte Flächentragwerke (IL) beeinflusste die *Stuttgarter Schule des Konstruktiven Ingenieurbaus* auf vielfältige Art und Weise, unter anderem mit Analogien zur Natur oder den Überlegungen zur Optimierung von Strukturen.

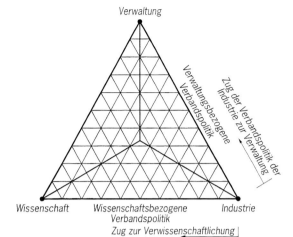

3a

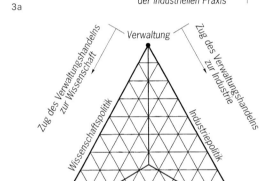

3b

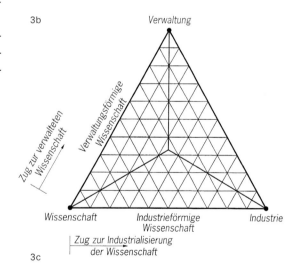

3c

3 Dreiheit von Industrie, Verwaltung und Wissenschaft in der Handlungsperspektive der Industrie (a), der Verwaltung (b) und der Wissenschaft (c)
4 Carl von Bach (1847–1931)

Konstruktive Vielfalt aus der Verbindung von Wissenschaft und Praxis

Besondere Impulse hat die *Stuttgarter Schule des Konstruktiven Ingenieurbaus* im letzten Viertel des 20. Jahrhunderts durch Jörg Schlaich erfahren. Als direkter Nachfolger und insbesondere Schüler von Fritz Leonhardt war er natürlich von dessen Methodik geprägt. Ausgehend von den Fragestellungen der Praxis hat Fritz Leonhardt mit der Entwicklung von Schrägseil- und Spannbetonbrücken, Stahlbetonfernsehtürmen etc. eine großartige konstruktive Vielfalt geschaffen.

In gleicher Weise hat Jörg Schlaich die Tätigkeit als entwerfender Ingenieur mit der des Lehrers und Wissenschaftlers verbunden. So waren nicht nur Wissenschaft und Praxis in einen engen Bezug gesetzt, sondern ganz in der Tradition der Stuttgarter Schulen – die Architektur wie das Ingenieurwesen betreffend – auch Lehre und Praxis. Zudem pflegte Jörg Schlaich zur Verwirklichung seiner gestalterischen Vorstellungen – wie für die vielfältigen Fußgängerbrücken – und konstruktiven Innovationen – wie die fugen- und lagerlosen Brücken oder den Einsatz von Gussknoten bei Straßenbrücken – besondere Kontakte zur Stadt Stuttgart.

Insbesondere die bereits erwähnte Verbindung des deduktiven mit dem induktiven Denken stellt eine Besonderheit seiner Arbeitsmethoden in der Wissenschaft, Lehre und Forschung dar. In der Lehre konnte Schlaich damit vermitteln, dass Theorien nicht um ihrer selbst willen existieren und umgekehrt konnten Praxisfragen fundiert auf ihre Grundlagen zurückgeführt werden [10].

Als junger Ingenieur erlebte Schlaich dies eindrücklich selbst. 1967 von Leonhardt mit dem Entwurf einer Hyparschale für die Hamburger Alsterschwimmhalle (Bild 6) beauftragt, galt es hier, einen frei auskragenden Randträger zu realisieren – eine Aufgabe, die selbst von erfahrenen Ingenieuren als nicht baubar abgelehnt wurde [11]. Ihm gelang jedoch eine Lösung – die Kopplung der gegenüberliegenden Randträger mittels Spanngliedern – aufgrund seines an der TU Berlin gewonnenen theoretischen Grundlagenwissens. Diese ermöglichte

5

auch die Deutung der zunächst falschen Versuchsergebnisse, welche zur Verifizierung und auf Initiative von Fritz Leonhardt, basierend auf dessen induktivem Arbeitsansatz, durchgeführt wurden. Neben diesen technisch-konstruktiven Aspekten wird sich später auch das intuitive Gefühl für den Kraftfluss am Übergang von der Schale zum Randträger als bemerkenswert erweisen. Jörg Schlaich modellierte diesen sich kontinuierlich aufweitend von einer 8 Zentimeter dicken Schale zu einem 70 Zentimeter dicken Randträger am Hochpunkt.

Diese Erkenntnisse kamen ihm auch noch später zugute. Am 21. Mai 1980 stürzten der südliche Randbogen und das Außendach der Berliner Kongresshalle (1957) durch Korrosion von Spanngliedern und den darauf folgenden Bruch der Randglieder ein [12]. Ein sofortiger Vergleich der beiden Konstruktionen und insbesondere die Detaillierung beider führte dazu, dass eine direkt nach dem Einsturz angeordnete Sperrung der Alsterschwimmhalle sofort wieder aufgehoben wurde. Mehr noch, Schlaich wurde beauftragt, das Schadensgutachten für die Kongresshalle zu erstellen und resümierte, dass der Schaden sich mittelbar aus einem durch gestalterische Randbedingungen – mit der Raleigh-Arena, USA, 1953 als Vorbild – erzwungenen, inhomogenen Tragwerksentwurf entwickelte. So betont dieser Einsturz die Wichtigkeit des aus einem transparenten Kraftfluss entwickelten Tragwerksentwurfs ebenso wie die des konstruktiven Details.

Aus dieser Erfahrung resultiert auch, dass Schlaich jede Form von Rezepten – als Sinnbild gedankenloser Abkürzung des komplexen und chaotischen Entwurfsprozesses – zuwider ist, da sie dem Finden einer neuartigen Tragwerkslösung nicht dienlich sein kann. So ist das Problematische an Rezepten, dass sie die Frage nach dem Wesen und dem Situationsbezug in den Hinter-

5 Fritz Leonhardt (1909 – 1999) während einer Vorlesung an der TH Stuttgart

6 Die Hamburger Alsterschwimmhalle im Bauzustand

grund stellen. Dagegen tritt – fälschlicherweise – in den Vordergrund, „nichts falsch zu machen" anstatt „das Richtige zu tun".

Im Vordergrund von Schlaichs Handeln stand auch immer die Suche nach optimalen und so auch häufig neuartigen Tragwerkslösungen. Die Synthese dessen zeigt auch seine Zugehörigkeit zu den sogenannten „Structural Artists" [13]. Es ist seine Überzeugung, dass dazu nicht nur ein fundiertes Wissen der Theorie und der Zusammenhänge notwendig ist. Entwerfen erfordert zusätzlich Intuition, genährt durch Neugier und Erfahrung. Vielfalt entsteht so durch die Kombination technisch-wissenschaftlicher Grundlagen mit Freude am Gestalten, Fleiß, Ausdauer, Liebe zum Detail und dem besonderen individuellen zeitlichen und örtlichen Situationsbezug – Rezepte können dies nicht erfüllen!

Komplexität und Einfachheit

Für innovative konstruktive Lösungen sind Grundlagen und theoretisches Verständnis erforderlich. Allerdings werden Theorien oft immer komplexer und um sie wirklich sinnvoll nützen zu können, müssen sie anschaulich und inhaltlich auf ihren wesentlichen Kern zurückgeführt werden. Beides findet man in der Arbeitsweise von Jörg Schlaich.

Er setzt auf die Anschaulichkeit bei der Wahrnehmung von Phänomenen; so ist das Tragverhalten eines Bauwerks ganz offensichtlich über dessen Verformung wahrnehmbar. Die Aussteifung eines dünnen Rohrs durch ein Speichenrad beispielsweise erklärt Schlaich folgendermaßen [10]: Es gilt, die Verformungen des offenen Randes zu verhindern. Üblicherweise wird hierfür ein Schott verwendet, das als geschlossene Fläche Schubkräfte aufnehmen kann. Bleibt man allein bei der Betrachtung des Kräftegleichgewichts im unverformten Zustand, dann ist unerklärlich, warum die dünnen, nur zugbeanspruchbaren Speichen des Speichenrads der Verformung entgegenwirken sollen. Einleuchtend wird es aber, wenn Schlaich darstellt, wie der runde Querschnitt der Röhre sich verformt und durch die normal angreifenden Speichen zurückgehalten wird.

Noch konsequenter und konkreter wird dieses Bedürfnis nach Anschaulichkeit bei den Stabwerkmodellen. Bereits zu Beginn seiner Lehrtätigkeit soll es Schlaich geärgert haben, das Bemessen des Werkstoffs Stahlbeton in der Vorlesung darstellen zu müssen, ohne sagen zu können, was innerhalb dieses grauen Baustoffs wirklich passiert. Systematisch entwickelten er und Schäfer die Fachwerkmodelle von Mörsch und Leonhardt weiter zu den berühmten Stabwerkmodellen und nahmen so dem Stahlbeton das Stigma der Black Box.

Sichtbarmachung des Unsichtbaren:
Von der Fachwerkanalogie zum Stabwerkmodell

Die Sichtbarmachung des Unsichtbaren ist nicht nur notwendige Voraussetzung der wissenschaftlichen Analyse, sondern auch der konstruktiven Synthese von Tragstrukturen aus Stahlbeton. Die Entwicklungsgeschichte vom ersten Fachwerkmodell eines Stahlbetonbalkens bis zu den Stabwerkmodellen für das konsistente Bemessen und Konstruieren im Stahlbetonbau ist gleichzeitig eine Entwicklungsgeschichte der Grammatik des Stahlbetonbaus mit dem Ziel, die Kunst des Bewehrens [14] auf eine rationale Basis zu stellen.

Das erste Fachwerkmodell von Stahlbetonbalken geht auf François Hennebique und Wilhelm Ritter zurück [15, S. 563]. In Deutschland hat sich für die Bemessung auf Schub das auf Versuchen basierende Fachwerkmodell

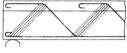
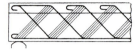
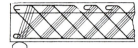

7a   7b   7c

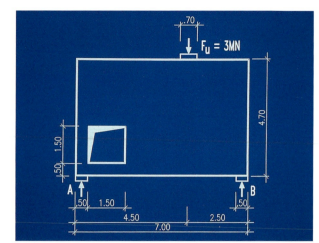

8a

von Emil Mörsch durchgesetzt, das er am 23.2.1907 auf der X. Hauptversammlung des Deutschen Beton-Vereins (DBV) vorstellte. Von 1908 bis 1911 wurden unter der Leitung von Carl Bach und Otto Graf umfangreiche Schubversuche an der Materialprüfungsanstalt der TH Stuttgart durchgeführt, deren Systematik das Fachwerkmodell von Mörsch zugrunde lag; dabei konnte das Fachwerkmodell weiter verfeinert werden (Bild 7).

Leonhardt und René Walther knüpften mit ihren großangelegten Stuttgarter Schubversuchen (1959–1964) an die wissenschaftliche Tradition von Mörsch, Bach und Graf an und entwickelten ein erweitertes Fachwerkmodell [17].

Jörg Schlaich und Kurt Schäfer verallgemeinerten 1984 die bestehenden Fachwerkmodelle zum Konzept der Stabwerkmodelle [15, S. 568], das sie im Beton-Kalender zum theoretischen Kern ihres Beitrages *Konstruieren im Stahlbetonbau* machen [18]. Beim Konzept der Stabwerkmodelle *werden die Spannungstrajektorien einzelner Spannungsfelder im Tragwerk und die zusammengehörigen Bewehrungskräfte als Druck- bzw. Zugstäbe der Stabwerkmodelle zusammengefaßt und begradigt, oder es wird auf andere Weise (...) der innere Kraftfluß aufgespürt und durch ein entsprechendes Stabwerkmodell idealisiert* [19, S. 341] (Bild 8).

Mit den Stabwerkmodellen gelingt es, auch solche Bereiche rational zu bemessen und zu konstruieren, für die bislang der Bauingenieur auf seine Erfahrung und Intuition angewiesen war. Dank ihrer Praxisnähe erfreuten sich die Stabwerkmodelle großer Beliebtheit, sodass sie sogar ohne Zutun der Autoren Eingang in den Eurocode 2 fanden [19, S. 311].

Die größte Errungenschaft der Stabwerkmodelle geht allerdings über die Modellierung von Stahlbetonbalken als Fachwerke beziehungsweise die anschauliche Modellierung komplexer Bereiche wie konzentrierte Lasteinleitungsstellen, Auflagerbereiche und Rahmenecken hinaus. Ihr Ansatz hat den immensen Vorteil, dass die entwerfenden Ingenieure sich den Kraftfluss verdeutlichen und das Denken in Kräften zu einem

7 Fachwerkmodell von Mörsch; a) einfaches Strebensystem, b) doppeltes Strebensystem, c) dreifaches Strebensystem

8 Ein typischer Verlauf des Entwurfs mit dem Stabwerkmodell am Beispiel einer Scheibe auf zwei Stützen mit Aussparung; a) Problemstellung, b) Spannungstrajektorien aus der elastischen Spannungsanalyse mit Hilfe der Finite-Element-Methode, c) Stabwerkmodell, d) Bewehrungsführung

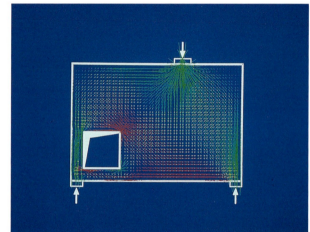

8b

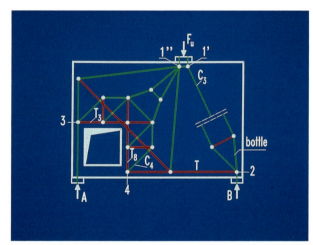

8c

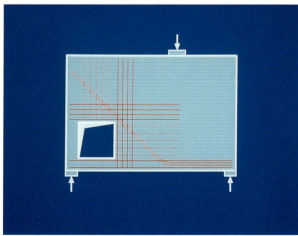

8d

integralen Bestandteil ingenieurmäßigen Konstruierens wird. Nicht zuletzt Jörg Schlaich selbst verdeutlicht dies mit einem eigenen Werk und mit großer Anschaulichkeit.

Entwerfen und Konstruieren

Entwerfen und Konstruieren werden nicht immer als selbstverständlicher Bestandteil alltäglicher Ingenieurarbeit gesehen und viel zu oft erfolgt die Konzentration auf die Berechnung und Bemessung der Konstruktion als Traggerüst. Dass dies zu kurz greift, hat Schlaich in vielen Publikationen – markant benannt mit dem Zitat „die Baukunst ist unteilbar" – angemahnt [20]. Mit dieser Haltung steht er inhaltlich und methodisch ganz in der Tradition sowohl der *Stuttgarter Schule des Konstruktiven Ingenieurbaus* als auch der Stuttgarter Schule der Architektur.

Dieser ganzheitliche Ansatz verknüpft technische Innovation mit gestalterischem Anspruch und verwebt beides mit einer umfassenden gesellschaftlichen Verantwortung. In Lehre und Praxis bedeutet dies, dass der Entwurfsprozess in seiner ganzen Komplexität erfasst werden muss. Die Konstruktion kann dann nicht mehr für sich in Anspruch nehmen, eine richtige Lösung zu sein, vielmehr ist sie das Ergebnis eines iterativen Entwurfsprozesses und wesentlicher Beitrag zum formalen Ausdruck des gesamten Bauwerks.

Paradigma Leichtbau

Die leichten, minimalistischen Konstruktionen von Jörg Schlaich verbinden das Streben nach gestalterischer Qualität im Ingenieurwesen mit dem Paradigma des Leichtbaus. Kern dieser Konstruktionsphilosophie ist die Effizienz als maximale Leistungsfähigkeit bei minimalem Aufwand. Bezogen auf die Tragkonstruktion entspricht dies einer maximalen Tragfähigkeit bei minimalem Gewicht; ein typischer Ansatz, der in vielen Ingenieursdisziplinen zu finden ist und deren verantwortungsvolles Handeln auszeichnet.

Zusammen mit dem ganzheitlichen Ansatz bekommt der Leichtbau für Jörg Schlaich aber eine umfassendere Bedeutung: *So kann der Leichtbau über seine rationale Ästhetik Sympathien für die Technik, das Bauen und die Ingenieure einfordern. Er kann den Ingenieurbau aus seiner heute weit verbreiteten Monotonie und Fantasielosigkeit herausführen und ihn wieder zu einem integralen Teil der Baukultur machen. Leichtbau ist ökologisches, soziales und kulturelles Bauen! Was könnte zeitgemäßer sein?* [21, S. 825]

Die ökologische Bedeutung stimmt mit dem Gebot der Sparsamkeit, sprich des minimalen Verbrauchs an Rohstoffen überein. Die soziale Komponente betrifft die in der Detaillierung und Berechnung anspruchsvollen Konstruktionen, welche hoch qualifizierte Arbeitsplätze schaffen sowie Freude am Konstruieren statt am Klotzen! [22, S. 298]. Kulturell gesehen, vermag der Leichtbau einen wesentlichen Beitrag zur gestalterischen Bereicherung der Architektur zu leisten.

Vom Stahlsparen zum Stahlleichtbau

1940 veröffentlichte Fritz Leonhardt in der Zeitschrift *Bautechnik* einen Artikel „*Leichtbau – eine Forderung unserer Zeit*" [23], dessen Lektüre sich auch heute noch lohnt. Interessant ist, dass schon zu dieser Zeit die konstruktive Effizienz nicht auf das ausschließliche Erzielen eines minimalen Materialgewichtes reduziert wurde. Vielmehr wird hier eine Vielfalt an strukturellen Anregungen und konstruktiven Vorschlägen für den Hoch- und Brückenbau gegeben.

Bei den bis Ende der 1930er-Jahre üblichen stählernen Straßenbrücken wirkten Tragwerkelemente wie Stahlbetonfahrbahnplatte, Längsträger, Hauptträger und Querträger statisch getrennt; dies führte zu hohem Stahlverbrauch und ließ den Stahlbau gegenüber dem Stahlbetonbau im Straßenbrückenbau zurückfallen. Die beginnende Ablösung des Nietens durch das Schweißen und der durch die Aufrüstung in Hitlerdeutschland auferlegte Sparzwang bei Stahl im zivilen Sektor erforderten neue statisch-konstruktive Lösungen für stählerne Straßenbrücken.

9a 9b

9 Ansicht (a) und Untersicht (b) der Fahrbahntafel der Autobahnbrücke bei Kirchheim a. d. Teck, 1936 [25, S. 311]

So verbanden die Ingenieure des Gustavsburger Werkes der MAN AG bei der ersten realisierten Stahlleichtfahrbahn das Deckblech unmittelbar mit dem Längs- und Querträgergerippe; sie wurde 1936 für die Autobahnbrücke in Kirchheim/Teck errichtet (Bild 9). Die Dicke der Asphaltdecke beträgt 6 Zentimeter und die des Stahlbleches 10 Millimeter. Die Unterstützungen des Deckbleches wurden durch einen Trägerrost sichergestellt, dessen Abstände 0,511 Meter in Quer- und 1,094 Meter in Brückenlängsrichtung betragen. Die Obergurte der Längs- und Querträger fallen in die untere Deckblechebene und sind verschweißt. In Brückenlängsrichtung läuft der Trägerrost kontinuierlich über zwei Felder. Rückblickend ist bemerkenswert, dass sie bereits alle wesentlichen, konstruktiven Merkmale aufweist, die orthotrope Platten nach 20jähriger Bauerfahrung der Firma MAN kennzeichnen [24, S. 294]. Die statisch-konstruktive Weiterentwicklung der stählernen Leichtfahrbahn der späten 1930er-Jahre zur orthotropen Platte induzierte nach 1950 die Leichtbauweise bei stählernen Brückenfahrbahnen; damit vollzog sich im Stahlbrückenbau nach theoretischer Seite der Übergang von der Stab- zur Kontinuumsstatik.

„Die Baukunst ist unteilbar"

Mit diesem markanten Zitat weist Jörg Schlaich unermüdlich darauf hin, dass Ingenieure ganzheitliche und insbesondere gestalterische Verantwortung für ihre Bauwerke übernehmen müssen, um integraler Bestandteil der Baukultur zu sein. Voraussetzung dafür ist eine ganzheitliche Betrachtung der Baukunst, deren Charakteristik durch die Beziehung von Festigkeit, Anmut und Zweckmäßigkeit mit dem Tetraeder der Baukunst (Bild 10) illustriert wird:
– Baukunst bringt im Entwurf Anmut zur Geltung,
– Baukunst realisiert die Zweckmäßigkeit über Funktion,
– Baukunst erreicht Festigkeit durch Konstruktion.

Festigkeit, Statik, Zweckmäßigkeit, Kunstform, Anmut und Naturform bilden die Basis der Baukunst. Über die Konstruktion wechselwirkt das statische Gesetz mit dem Bildungsgesetz, die Funktion verknüpft das statische Gesetz mit dem Baugesetz und letzteres hängt über den Entwurf mit dem Bildungsgesetz zusammen. So bilden das statische Gesetz, das Bildungsgesetz und Baugesetz auch bei Tragwerken eine höhere Einheit in Gestalt des Kompositionsgesetzes von Tragwerken, wie es in Jörg Schlaichs Bauwerken zum Ausdruck kommt. Das strukturale Komponieren unterstreicht die ästhetische Motivation, die der Arbeitsweise von Jörg Schlaich zugrunde liegt, worin nach David Billington auch der Unterschied zwischen einem „master-builder" und einem „structural artist" [13] begründet ist.

Auf den Grundlagen der Baukunst aufbauend und im Verständnis, dass für jede Bauaufgabe unzählige Lösungen existieren, hat Jörg Schlaich zusammen mit Rudolf Bergermann, seinem Büropartner, und ihrem Team eine einzigartige konstruktive Vielzahl geschaffen: unter anderem leichte, vermeintlich schwebende Dächer, kühn geschwungene, in die Landschaft modellierte Brücken oder hoch aufstrebende Türme, gar intelligent zur Energiegewinnung genutzt. Gemeinsam ist ihnen effizientes Tragverhalten und elegante Gestaltung in Verbindung mit konstruktiven Innovationen. Zu den konstruktiven Meilensteinen zählen die Gitternetzschalen. Diesen liegt das Prinzip des herkömmlichen Küchensiebs zugrunde: Das quadratische Maschennetz kann durch Verrautung der Maschen einer beliebigen Flächengeometrie angepasst werden. Kombiniert mit einem diagonalen Seilnetz wird das Netz zur idealen Membranschale. Die Glasscheiben liegen direkt auf den Netzstäben auf und ergeben so ein Dach, das so leicht und transparent wie möglich ist. Natürlich hat auch diese Idee konstruktive Vorläufer, unter anderem die Multihalle in Mannheim, 1975 von Frei Otto realisiert.

Erstmalig wurde dieses Prinzip, das insbesondere zusammen mit Hans Schober entwickelt wurde, für die 1989 fertiggestellte Innenhofüberdachung des Museums für Hamburgische Geschichte (Bild 11), umgesetzt. Zwei sich orthogonal schneidende Tonnenschalen bauschen sich am Schnittpunkt zu einer frei geformten Kuppel auf. Aus der Problematik der windschiefen Maschen der Kuppeln haben Schlaich und Schober das Prinzip der Translationsschalen [11] entwickelt. Damit

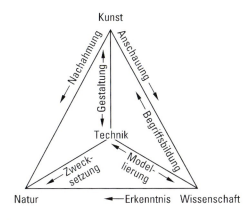

wird eine große, aber nicht eine beliebige Formenvielfalt erreicht. Beispielsweise musste für das skulptural geformte Glasdach der DZ-Bank in Berlin die frei geformte Fläche traditionell mit Dreiecksmaschen belegt werden. Aus konstruktiven wie insbesondere gestalterischen Gründen erfolgte eine Optimierung der dreieckigen Maschen nahe den 60-Grad-Winkeln. Aktuell entwickeln sich die Möglichkeiten frei geformter Flächen weiter, beispielswiese zum „Vulcano"-Bereich in der freigeformten Dachlandschaft der Neuen Messe Mailand (2005) – von Fuksas sowie schlaich bergermann und partner entworfen. Interessant ist, dass trotz der vielfältigen Projekte und der Zusammenarbeit mit unterschiedlichen Architekten die konstruktive Handschrift Schlaichs ablesbar bleibt. Diese gestalterische Qualität wird auch von den aktuell Verantwortlichen (Andreas Keil, Knut Göppert, Mike Schlaich und Sven Plieninger) des von ihm mit Rudolf Bergermann gegründeten Büros weiter gelebt.

Zur gesellschaftlichen Verantwortung der Ingenieure

Im Sinne der Ganzheitlichkeit geht an vielen Projekten die Verantwortung der Ingenieure über die gestalterische hinaus. Eine besondere Stellung im Œuvre Schlaichs, aber auch im gesamten konstruktiven Ingenieurbau, nimmt dabei die Hooghly-Brücke in Kolkata (1971–1993) (Bild 12) ein. Diese zum Entwurfszeitpunkt größte Schrägseilbrücke Asiens wurde „indigenous" entworfen. Weil in Indien damals kein schweißbarer Stahl zur Verfügung stand, musste die Brücke genietet werden: *„Besser gut genietet als schlecht geschweißt"* [27, S. 195]. Allerdings: Mit dieser die örtlichen Möglichkeiten berücksichtigenden Herstellungsmethode verbinden sich gleichzeitig technologische Neuerungen – der Verbundüberbau für Schrägseilbrücken –, die Schaffung tausender Arbeitsplätze vor Ort und damit verbunden ein technologischer Wissenstransfer. Genauso ist die Chance, mit neuen Konzepten zur Gewinnung von Solarenergie in ärmeren Ländern nicht nur die dortige Energieversorgung zu sichern, sondern darüber hinaus bessere Lebensbedingungen zu schaffen, Motivation für die vielfältigen Entwicklungen zur solaren Stromerzeugung. Nicht zuletzt gehört hierzu der hartnäckige

11a

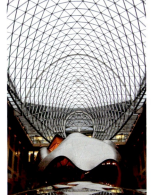

11b

11c

10 Das Tetraeder von Anmut und Gesetz der Baukunst [26, S. 604]
11 Konstruktive Handschrift: Museum, Hamburg, Arch.: Volkwin Marg (a); DZ-Bank, Berlin, Arch.: Frank O. Gehry (b); Messe, Milano, Arch.: Maximilian Fuksas (c)

Hinweis über die sinkende Qualität der gebauten Infrastruktur. Hier forderte Jörg Schlaich, *der Natur, die wir verbauen, mit der einzig adäquaten Entschädigung zu begegnen: mit Baukultur.* Dafür setzte Jörg Schlaich nicht nur Zeichen durch die Bauwerke seines Büros, sondern fordert auch eine institutionelle Verankerung dieses Ansatzes. In der Praxis führte dies beispielsweise zur Gründung des Brückenbeirates der Bahn und zur Erstellung eines Leitfadens zur Gestaltung von Eisenbahnbrücken.

Ganzheitlichkeit der Lehre

Mit einer unermüdlichen Energie hat Jörg Schlaich das Paradigma des ökologischen, sozialen und kulturellen Leichtbaus sowohl in vielfältigen Konstruktionen und Projekten als auch in der Lehre verwirklicht. Mit seiner Lehrtätigkeit sind zwei gravierende methodische Entwicklungen des akademischen Curriculums verbunden: das Einführen des *Entwerfens und Konstruierens im Curriculum des Bauingenieurwesens* und die *werkstoffübergreifende Lehre.*

Mit einer Arbeitsweise, die geprägt ist von einem engen Praxisbezug und in der Themen ganzheitlich bearbeitet werden, lässt sich die Lehre nicht mehr auf einen bestimmten Werkstoff begrenzen, wie sich dies durch die geschichtliche Entwicklung der Hochschulinstitute ergeben hatte. Heute *entwirft man keine Beton-, Stahl- oder Holzbrücke, sondern eine gute Brücke* [28], so Schlaichs Meinung dazu. Folglich bewirkte er eine Umbenennung des Instituts für Massivbau beziehungsweise Stahl- und Holzbau in Institute Konstruktion und Entwurf I und II, welche das Entwerfen und Konstruieren mit verschiedenen Baustoffen unter Berücksichtigung konstruktiver Möglichkeiten als obersten Grundsatz in den Mittelpunkt der Lehre stellen.

Die Grundlagen dafür, dass Ingenieure das kreative Potenzial ihres Berufes erkennen und entfalten können, sollten in der Lehre gelegt werden. Voraussetzung dafür ist auch, die traditionelle Trennung des Bauwesens in den emotionalen, künstlerischen Anteil der Architekten und in den rationalen, technisch-wirtschaftlichen der

12 Nieten der Hooghly-Brücke, Kolkata

Ingenieure zu überwinden. Daher führte Jörg Schlaich zusätzlich zu den gemeinsamen Entwurfsseminaren mit den Instituten der Architekturfakultät auch das erste Entwurfsseminar von einem Ingenieur für Ingenieure an einer Universität ein. Damit schuf er eine Basis zur Anerkennung der gegenseitigen Kompetenz von Architekten und Ingenieuren, ohne dabei die Unterschiede zu negieren. Diese liegen nämlich nicht in einer entwurfsorientierten Architektur und in einem rationalen Ingenieurwesen, sondern in dem Ziel und in der jeweiligen Aufgabenstellung.

Entwerfen und logisches Denken sind Grundlagen der Arbeit beider Disziplinen. Die gestalterische Eigenverantwortlichkeit der Ingenieure ist die Grundlage eines kreativen Dialogs mit den Architekten.

Leidenschaft = Leiden schafft?

Das Verhältnis von Gesellschaft zur Wissenschaft ist nicht immer ein Einfaches. So schrieb der 75-jährige Freiburger Politikwissenschaftler Wilhelm Hennis 1999: *Ich liebe die Wissenschaft noch immer. Mit meinem Weber bin ich darin einig, dass nichts für den Menschen etwas wert ist, was er nicht mit Leidenschaft tun kann – bei aller selbstverständlich gebotenen Nüchternheit und Mäßigung – Leidenschaft ist ja nicht nur blinder Überschwang – sie hat am Leiden Anteil* (zit. n. [29, S. 35]). Zur Erklärung: Max Weber (1864–1920) kritisierte den *Fachmenschen ohne Geist* und den *Genussmenschen ohne Herz* – Christine Landfried kritisierte im Anschluss an Weber und Hennis, dass die gegenwärtige Ordnung der deutschen Universität zu willigen und billigen Anpassungsmenschen ohne Leidenschaft führen würde [29, S. 36].

Diese Kritik aber ist es wohl, die auf die *Stuttgarter Schule des Konstruktiven Ingenieurbaus* so gar nicht zutrifft. Die enge Verbindung zwischen Praxis und Wissenschaft nimmt der Wissenschaft einen möglichen Narzissmus, verhindert aber auch, dass die Praxis nur das Normative fokussiert. Die Methodik, komplexe Zusammenhänge einfach und anschaulich darzustellen, ohne die theoretische Komplexität zu negieren, ermöglicht die Entwicklung von innovativen Lösungen. Für das Bauingenieurwesen ist insbesondere die enge Verknüpfung von Entwurf und Konstruktion die entscheidende Grundlage für Kreativität und die Entwicklung einer eigenen Konstruktiven Handschrift.

Es ist diese Haltung, die die Faszination von Stuttgart im Konstruktiven Ingenieurbau ausmacht – sowohl in der akademischen Ausbildung als auch in der Praxis der vielen Ingenieurbüros, die diese Gedanken leben und weiterentwickeln. Die lange Tradition – vor knapp 100 Jahren wurde Emil Mörsch an die TH Stuttgart berufen – wird an der Universität Stuttgart am aktuellen Institut von Werner Sobek, aber auch an der Architekturfakultät am Institut von Jan Knippers weiter gelebt und entwickelt. Aber nicht nur in Stuttgart, sondern weltweit an vielen Stellen wirken die Nachfolger der *Stuttgarter Schule des Konstruktiven Ingenieurbaus* mit Passion und treten in gesellschaftlicher Verantwortung für eine humane Zukunft ein.

Annette Bögle, Karl-Eugen Kurrer

Literatur
[1] Kurrer, K.-E.: Jörg Schlaich und die Stuttgarter Schule des Konstruktiven Ingenieurbaus. Vortrag im Rahmen des Symposiums *Konstruktion und Gestalt. Jörg Schlaich zum 75. Geburtstag*, Universität Stuttgart, 6. November 2009.
[2] Baker, W. F.: Vortrag im Rahmen der Verleihung des Fritz-Leonhardt-Preises 2009, Staatsgalerie Stuttgart, 11. Juli 2009.
[3] Joedicke, J.: Stuttgarter Architekturschule: Vielfalt als Konzept, hrsg. von der Fachschaft Architektur Universität Stuttgart, 1992, S. 16 ff.
[4] Ostertag, R.: Stuttgarter Schule?! Die Schule der Ingenieure: Geschichte und Ausblick. *deutsche bauzeitung* 5/2008, S. 18–20.
[5] Krauss, F.: Curt Siegel. Architekt und Hochschullehrer. *deutsche bauzeitung* 135 (2001), H. 10, S. 137–140.
[6] Kurrer, K.-E.: Stahl + Beton = Stahlbeton? Stahl + Beton = Stahlbeton! Die Entstehung der Triade Verwaltung, Wissenschaft und Industrie im Stahlbetonbau in Deutschland. *Beton- und Stahlbetonbau* 92 (1997), H. 1, S. 13–18 u. H. 2, S. 45–49.
[7] Ditchen, H.: Otto Graf – Der Baumaterialienforscher. Berlin: Logos Verlag 2013.
[8] Walser, M.: Brandung. Frankfurt/M: Suhrkamp 1985.
[9] Weber, Chr.: „Fritz Leonhardt, Leichtbau – eine Forderung unserer Zeit. Anregungen für den Hoch- und Brückenbau." Zur Einführung baukonstruktiver Prinzipien im Leichtbau in den 1930er- und 1940er-Jahren. Karlsruhe: KIT Scientific Publishing 2011.
[10] Bögle, A.: Das Schwere ganz leicht. In: *leicht weit. Jörg Schlaich – Rudolf Bergermann*, hrsg. v. A. Bögle, P. C. Schmal u. I. Flagge, S. 32–39. München: Prestel Verlag 2003.
[11] Bögle, A.: weit breit – floating roofs. In: *leicht weit. Jörg Schlaich – Rudolf Bergermann*, hrsg. v. A. Bögle, P. C. Schmal u. I. Flagge, S. 86–185. München: Prestel Verlag 2003.
[12] Schlaich, J.: *Sicherheit = transparenter Kraftfluss + saubere Details. Die Berliner Kongreßhalle (1957) – Konzept, Realisierung, Teileinsturz, Wiederaufbau*. VDI-Vortrag v. 6.6.2013 am Deutschen Technikmuseum Berlin (s. a.: http://www.youtube.com/watch?v=ZjVa2IJuREI).
[13] Bögle, A., Billington, D. P.: Making the difficult easy and the heavy light: Jörg Schlaich – structural artist and teacher. *Steel Construction – Design and Research* 2 (2009), No. 4, S. 273–279.
[14] Leonhardt, F.: Über die Kunst des Bewehrens von Stahlbetontragwerken. *Beton- und Stahlbetonbau* 60 (1965), H. 8, S. 181–192 u. H. 9, S. 212–220.
[15] Kurrer, K.-E.: *The History of the Theory of Structures. From Arch Analysis to Computational Mechanics*. Berlin: Ernst & Sohn 2008.
[16] Mörsch, E: *Der Eisenbetonbau. Seine Theorie und Anwendung*. I. Band, 2. Hälfte. 5., vollst. neu bearb. u. verm. u. verb. Aufl., Stuttgart: Wittwer 1922.
[17] Leonhardt, F.: Die verminderte Schubabdeckung bei Stahlbetontragwerken. Begründung durch Versuchsergebnisse mit Hilfe der erweiterten Fachwerkanalogie. *Der Bauingenieur*, 40 (1965), H. 1, S. 1–15.
[18] Schlaich, J., Schäfer, K.: Konstruieren im Stahlbetonbau. In: *Beton-Kalender* 73. Jg., Teil II, S. 787–1005. Berlin: Wilhelm Ernst & Sohn 1984.
[19] Schlaich, J., Schäfer, K.: Konstruieren im Stahlbetonbau. In: *Beton-Kalender* 90. Jg., Teil II, S. 311–492. Berlin: Wilhelm Ernst & Sohn 2001.
[20] Schlaich, J.: Zur Gestaltung der Ingenieurbaukunst oder Die Baukunst ist unteilbar. In: *Bauingenieur* 61 (1986), H. 2, S. 49–61
[21] Schlaich, J.: Leichtbau – eine Forderung unserer Zeit. Kommentar zu [23]. *Bautechnik* 90 (2013), H. 12, S. 825–827.
[22] Schlaich, J.: Leichtbau – wieso und wie? In: *leicht weit. Jörg Schlaich – Rudolf Bergermann*, hrsg. v. A. Bögle, P. C. Schmal u. I. Flagge, S. 298–310. München: Prestel Verlag 2003.
[23] Leonhardt, F.: Leichtbau – eine Forderung unserer Zeit. Anregungen für den Hoch- und Brückenbau. *Die Bautechnik* 18 (1940), H. 36/37, S. 413–423.
[24] Pelikan, W., Eßlinger, M.: *Die Stahlfahrbahn. Berechnung und Konstruktion*. MAN-Forschungsheft Nr. 7. Augsburg: K. G. Kieser 1957.
[25] Schaechterle, K., Leonhardt, F.: Fahrbahnen der Straßenbrücken. Erfahrungen, Versuche und Folgerungen. *Die Bautechnik* 16 (1938), H. 23/24, S. 306–324.
[26] Kurrer, K.-E.: Zur Komposition von Raumfachwerken von Föppl bis Mengeringhausen. *Stahlbau* 73 (2004), H. 8, S. 603–623.
[27] Bögle, A.: weit schmal – manifold bridges. In: *leicht weit. Jörg Schlaich – Rudolf Bergermann*, hrsg. v. A. Bögle, P. C. Schmal u. I. Flagge, S. 186–267. München: Prestel Verlag 2003.
[28] Bögle, A., Schlaich, M.: Lehre im Bauingenieurwesen – Ganzheitliches, werkstoffübergreifendes Entwerfen und Konstruieren. *Beton- und Stahlbetonbau* 105 (2010), H. 10, S. 622–630.
[29] Landfried, Chr.: Uni 2009: Anpassungsmenschen ohne Leidenschaft. *Blätter für deutsche und internationale Politik* 54 (2009), H. 9, S. 35–42.

REVOLUTION IM BAUWESEN – CARBON CONCRETE COMPOSITE

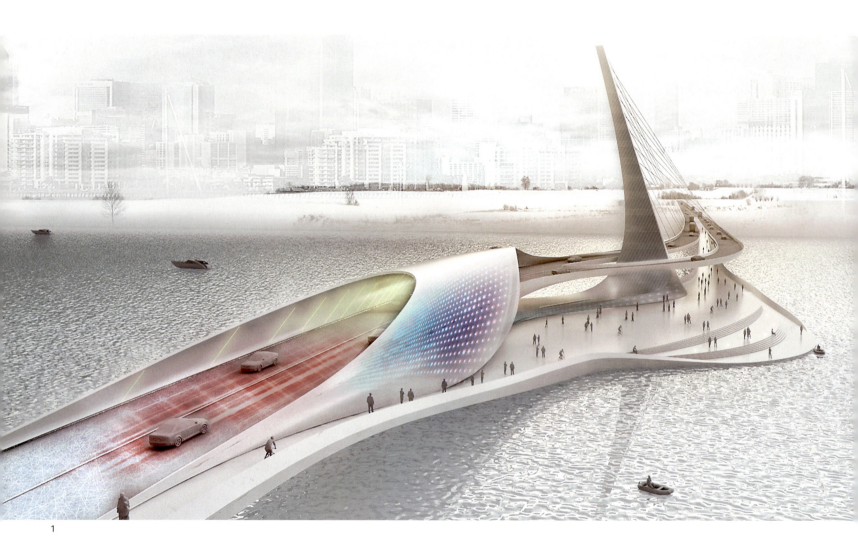

1

Ein innovativer Verbundwerkstoff eröffnet neue Möglichkeiten zu bauen und spart wertvolle Ressourcen.

Hintergrund und Motivation

Dass die Weltbevölkerung stetig anwächst, ist heute allgemein bekannt. Ebenso, dass damit vielfältigste Probleme auf die Menschheit zukommen. Genannt seien beispielsweise der Urbanisierungstrend, der sich kontinuierlich fortsetzen wird [1], und die Erhöhung des Lebensstandards, wodurch auch der weltweite Bedarf an energetischen und nichtenergetischen Ressourcen weiter zunehmen wird [2]. Davon wird etwa die Hälfte im Bauwesen verwendet. Doch ist das Bauen zukunftsfähig?

Seit den Zeiten des Wiederaufbaus nach dem Zweiten Weltkrieg hat sich das Bauen nahezu nicht verändert. Das weltweit am häufigsten verwendete Material Beton führt seit jeher zu einem hohen Verbrauch an Rohstoffen. Beispielsweise wurden 2008 ungefähr 2,8 Milliarden Tonnen Zement, ca. 17 Milliarden Tonnen Gesteinskörnung und ca. 1,7 Milliarden Tonnen Wasser für die Betonherstellung verwendet [2]. Hinzu kommen die hohen CO_2-Emissionen. Allein die Herstellung von Zement war 2010 für 6,5 Prozent des gesamten Kohlendioxidausstoßes verantwortlich [3]. Das entspricht etwa der dreifachen Menge CO_2, die durch die globale Luftfahrt emittiert wird. Bezogen auf sein Gewicht und seine Leistungsfähigkeit ist Beton dennoch ein energieeffizienter Baustoff – problematisch sind allerdings die großen Mengen, die verbaut werden.

Ein weiteres Problem ist die begrenzte Dauerhaftigkeit unserer Bauwerke. Ein gutes Beispiel hierfür sind die Brückenbauwerke, von denen die Stahl- und Spannbetonbrücken mit einem Anteil von 88 Prozent den Großteil des Brückenbestandes der Bundesfernstraßen in Deutschland ausmachen [4]. Aufgrund der Materialalterung und der sich stetig erhöhenden Lasten werden sie von Jahr zu Jahr zu einem größeren Sicherheitsrisiko. Betonabplatzungen und damit verbundenes Freiliegen und Korrodieren der Stahlbewehrung ist hierbei eines der häufigsten Schadensbilder (Bild 2).

2

Ein Großteil der insgesamt rund 120.000 Brücken in Deutschland ist – obwohl gerade 40 bis 50 Jahre alt – bereits in großem Umfang sanierungsbedürftig. Der volkswirtschaftliche Schaden, der dadurch entsteht, ist enorm. Die erwähnte kurze Lebensdauer und die damit verbundenen Folgekosten sind inakzeptabel und langfristig nicht tragbar.

Damit Rohstoffe und Energie eingespart werden können, ist es aus den vorgenannten Gründen zwingend erforderlich, die bestehende Bausubstanz instand zu setzen und damit länger zu erhalten sowie neue Betonbauwerke effizienter und materialgerechter zu konstruieren. Dafür werden dringend neue, leistungsfähige Materialien benötigt.

Vorarbeiten in den Sonderforschungsbereichen 528 und 532 zum Textilbeton

Das Bestreben, alternative Lösungen zum Stahlbeton zu finden, ist nicht neu. Seit Mitte der 1990er-Jahre verfolgt man beispielsweise die Idee, Stahl durch leistungsfähige, nicht rostende Faserbewehrungen in Form von textilen Halbzeugen zu ersetzen. Die Idee des Textilbetons war geboren und wurde maßgeblich in zwei von der Deutschen Forschungsgemeinschaft geförderten Sonderforschungsbereichen an der TU Dresden (SFB 528) und an der RWTH Aachen (SFB 532) verwirklicht. Zusammen mit Unternehmen aus der Bauwirtschaft und

1 Carbonbetonbauwerk der Zukunft, Grafik: HTWK Leipzig
2 Typische Schäden bei alten Massivbrücken: Korrosion des Stahls infolge zu geringer Betonüberdeckung und großflächige Abplatzungen und Risse bei einem Brückenwiderlager

  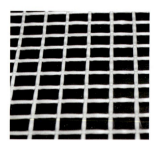

3a–c

4

5

3 Bewehrung aus alkaliresistentem Glas: einzelne Glasfasern (a), Rovings (b) und flächiges Gelege (c)
4 Textilbetonplatte
5 Textilbetonverstärkung einer Hyparschale aus Stahlbeton, die den Großen Hörsaal der FH Schweinfurt überdacht

der Zulieferindustrie forschte man anwendungsorientiert, um den Verbundwerkstoff Textilbeton für die Praxis zu optimieren und wirtschaftlich nutzbar zu machen. Dies hat zu einer weltweit führenden Position Deutschlands bei der Erforschung und Anwendung von textilbewehrtem Beton geführt. Als Ausgangsmaterial für Bewehrungen eignen sich vor allem Fasern aus alkaliresistentem Glas (AR-Glas, Bild 3), auf welche man sich vor allem zu Beginn der Forschungen konzentrierte [5]. Später rückten dann Bewehrungsstrukturen aus noch leistungsfähigeren Carbonfasern in den Fokus.

Die Fasern haben einen Durchmesser von 10 bis 25 Mikrometer. Werden mehrere hundert bis tausend Fasern zusammengefasst, so spricht man von Multifilamentgarnen (Rovings). Diese können auf Textilmaschinen zu Bewehrungsstrukturen weiterverarbeitet werden. Ein wesentlicher Vorteil dieser Materialien im Vergleich zu herkömmlicher Stahlbewehrung ist, dass sie sich gegenüber den meisten chemischen Beanspruchungen im Bauwesen inert verhalten (insbesondere Carbon). Die Fasern bedürfen folglich keiner großen Betonüberdeckung zum Schutz vor Korrosion. Zudem besitzen sie eine Zugfestigkeit, die im Falle von Carbon mit bis zu 3.000 N/mm² ca. sechsmal höher ist als die von herkömmlichem Bewehrungsstahl (550 N/mm²). Daher ist es möglich, zukünftig deutlich ressourcenschonendere Baukonstruktionen zu errichten. Im Wesentlichen können die bisherigen Anwendungen von textilbewehrtem Beton in zwei Gruppen zusammengefasst werden: Verstärkung und Instandsetzung sowie Neubauteile.

Durch die Verstärkung und Instandsetzung bestehender Baukonstruktionen können diese an neue Nutzungsanforderungen und Forderungen aus den aktuellen Regelwerken angepasst und somit erhalten werden. Bei Verwendung von Textilbeton beträgt die Dicke der Verstärkungsschicht in Abhängigkeit von der erforderlichen Anzahl an Bewehrungslagen i.d.R. weniger als 1,5 Zentimeter, wogegen beim konventionellen Spritzbetonverfahren eine mindestens 7 Zentimeter dicke stahlbewehrte Aufbetonschicht appliziert werden muss, was mit einer erheblichen Erhöhung des Eigengewichts verbunden ist. Praktisch angewendet wurde Textilbeton zur Instandsetzung und Verstärkung beispielsweise bereits bei Deckenplatten aus Stahlbeton, Silos oder schalenförmigen Dächern [6] (Bilder 5 und 6). Prädestiniert für Verstärkungen aus Textilbeton sind außerdem z.B. Brücken, Tunnel, Betonmasten oder Park- und Tiefgaragen, da Textilbeton neben seiner hohen Tragfähigkeit ein dichtes Gefüge aufweist und das Rissbild durch kleinere Rissabstände und damit geringere Rissbreiten gekennzeichnet ist. Damit wird die Dauerhaftigkeit der Bauwerke signifikant erhöht. Im Bereich neuer Bauteile liegt das Hauptaugenmerk auf der Reduzierung der Bauteildicke und damit des Eigengewichts, was zu ökologischen und ökonomischen Vorteilen gegenüber konventionellen Baukonstruktionen aus Stahlbeton führt.

Es werden einerseits Einsparungen im gesamten Lebenszyklus erreicht, da Herstellungs-, Transport-, Montage-, Instandsetzungs- und Rückbaukosten erheblich gesenkt werden können. Andererseits können durch den Einsatz von Textilbeton auch höhere Einnahmen bei Immobilien erzielt werden. Wird beispielsweise die Dicke einer Wand- oder Fassadenkonstruktion reduziert, erhöht sich die vermietbare Fläche bei konstanten Außenabmaßen des Gebäudes. Durch leichtere Bauteile aus Textilbeton kann weiterhin der Vorfertigungsgrad im Fertigteilwerk erhöht und damit nicht nur die Kosten gesenkt, sondern auch die Qualität verbessert werden.

Mit Textilbeton wurden bisher mehrere Fußgängerbrücken (Bild 7) gebaut [7], [8], vielfältige und großformatige Fassadenkonstruktionen (Bild 8) mit Plattendicken von 2 bis 3 Zentimetern statt bisher ca. 10 Zentimetern verwirklicht [9], Balkonbodenplatten mit einer mittleren Dicke von 7 Zentimetern statt bisher ca. 25 Zentimetern hergestellt, Pavillons mit Wandstärken von ca. 4 Zentimetern errichtet (Bilder 9 und 10) sowie zahlreiche Prototypen von z.B. Fahrradständern, Möbeln oder Kleinkläranlagen realisiert [6].

6 Textilbetonverstärkung einer Tonnenschale in Zwickau
7 Textilbetonbrücke in Kempten

Carbon Concrete Composite C³

Mit der Etablierung des Textilbetons wurde ein erster Schritt hin zur Verwendung nichtkorrodierender Hochleistungsbewehrungen in Beton getan. Carbonbewehrungen haben im Bauwesen aber ein Potenzial, das deutlich über die derzeitige Verwendung hinausgeht [10]. Dieses Potenzial soll in den kommenden Jahren in einem groß angelegten Forschungsprojekt ergründet und nutzbar gemacht werden. Das Bundesministerium für Bildung und Forschung fördert mit seinem Programm „Zwanzig20 – Partnerschaft für Innovation" zehn herausragende Forschungsnetzwerke in Ostdeutschland. Bis zum Jahr 2020 sollen mit ca. einer halben Milliarde Euro die Innovationspotenziale in den ostdeutschen Ländern gebündelt und zur Produktreife geführt werden. Beweggrund für die Initiative war, dass in den ostdeutschen Ländern eine privat finanzierte Industrieforschung, die in Westdeutschland vor allem durch Großunternehmen geleistet wird, kaum vorhanden ist.

Zirka 60 Netzwerke aus den verschiedensten Branchen, sogenannte Konsortien, haben eine Bewerbung im Rahmen des Förderprogramms eingereicht. In einem mehrstufigen Auswahlverfahren wurden zehn Konsortien für die Förderung ausgewählt, was mit insgesamt ca. 45 Millionen Euro Förderung durch das BMBF je Projekt verbunden ist. Hinzu kommen Eigenanteile der beteiligten Unternehmen in mehrstelliger Millionenhöhe.

Das Konsortium C³ – Carbon Concrete Composite gehört dazu. Das BMBF machte deutlich, dass die Ziele der Bundesregierung, den Energie- und Rohstoffverbrauch in Deutschland zu senken, die Sicherheit zu erhöhen und die Mobilität zu gewährleisten, nur durch einen grundlegenden Innovationsschub im Bauwesen, der u. a. zu leistungsfähigeren Bauwerken der Zukunft führt, erreicht werden können. Die TU Dresden, die bereits seit fast 20 Jahren im Bereich Textilbeton intensiv forscht, wird zusammen mit dem Verband TUDALIT und dem Deutschen Zentrum Textilbeton DZT national und international als Kompetenzzentrum für Carbon Concrete Composite gesehen. Also lag es nahe, der TU Dresden die Konsortialführerschaft zu übertragen.

8

9

10

Ziel des C³-Projekts ist es, in den nächsten zehn Jahren die Voraussetzungen dafür zu schaffen, dass in Deutschland zukünftig ca. 20 Prozent der korrosionsanfälligen Stahlbewehrung durch Carbonbewehrung ersetzt werden können. Dabei müssen neben den bekannten dünnen plattenförmigen Anwendungen mit textilen Bewehrungsstrukturen vor allem auch Bauwerke mit Bewehrungsstäben aus Carbon realisiert werden.

Erste Anwendungen dieser Bauweise gibt es bereits [10]. Mit dem neuen Entwicklungsschritt vom Textilbeton hin zum Carbon Concrete Composite soll das Bauwesen nicht nur in einer Nische, sondern in der Breite revolutioniert werden und damit ein wirksamer Beitrag zum nachhaltigen Bauen mit Beton geleistet werden.

Das Bauen mit carbonbewehrtem Beton schafft neue Werte in Form von Bauwerken mit deutlich längerer Nutzungszeit und erhält Werte durch die effiziente Verstärkung alter Bauwerke, wodurch diese langfristig nutzbar bleiben. Mit Carbonbeton können herkömmliche Bauweisen substituiert sowie völlig neue Bauweisen erdacht werden. Dies wird möglich, da der Verbundwerkstoff kostengünstig, ökologisch, frei formbar und multifunktional ausgeführt werden kann (Bild 11).

Carbonbeton bietet damit wie kein anderes Material mehr Möglichkeiten für den Architekten und den Bauingenieur als andere Werkstoffe. Leicht Bauen und Beton bilden keinen Widerspruch mehr, sondern das Konzept der Zukunft.

Manfred Curbach, Frank Schladitz, Alexander Kahnt

11

8 Textilbetonfassade beim neuen Laborgebäude für das Institut für Baustoffkunde der TU Dresden, Hersteller: Hering Bau
9/10 Prototyp eines Pavillons aus Fertigteilen aus Textilbeton
11 Vergleich Bewehrungsstahl mit Carbon-Heavy Tow mit gleicher Leistungsfähigkeit

Literatur
[1] United Nations, Department of Economic and Social Affairs, Population Division: World Urbanization Prospects. The 2011 Revision, New York, 2012.
[2] Dittrich, M.; Giljum, S.; Lutter, S.; Polzin, C.: Green economies around the world? Implications of resource use for development and the environment, Wien, 2012.
[3] Hipp, D.: Kurzer Prozess – Zementfabriken. Spiegel, 31/2010, S. 128.
[4] Naumann, J.: Brückenertüchtigung jetzt – Ein wichtiger Beitrag zur Sicherung der Mobilität der Bundesfernstraßen. Deutscher Beton und Bautechnik Verein e. V., Heft 22, 2011.
[5] Jesse, F.; Curbach, M.: Verstärken mit Textilbeton. In: Bergmeister, K.; Fingerloos, F.; Wörner J.-D. (Hrsg.): Beton-Kalender 2010. Berlin, Ernst & Sohn, 2009, S. 457 – 565.
[6] Ehlig, D.; Schladitz, F.; Frenzel, M.; Curbach, M.: Textilbeton – Ausgeführte Projekte im Überblick. *Beton- und Stahlbetonbau* 107 (2012) 11, S. 777 – 785.
[7] Curbach, M.; Graf, W.; Jesse, D.; Sickert, J. U.; Weiland, S.: Segmentbrücke aus textilbewehrtem Beton – Konstruktion, Fertigung, numerische Berechnung. *Beton- und Stahlbetonbau* 102 (2007) 6, S. 342 – 352.
[8] Michler, H.: Segmentbrücke aus textilbewehrtem Beton – Rottachsteg Kempten im Allgäu. *Beton- und Stahlbetonbau* 108 (2013) 5, S. 325 – 334.
[9] Hegger, J.; Schneider, H.; Kulas, C.; Schätzke, S.: Dünnwandige, großformatige Fassadenelemente aus Textilbeton. In: Curbach, M.; Jesse, F. (Hrsg.): Textile Reinforced Structures: Proceeding of the 4th Colloquium on Textile Reinforced Structures (CTRS4) und zur 1. Anwendertagung, TU Dresden, 2009, S. 541 – 552.
[10] Curbach, M.; Scheerer, S.: Carbonbewehrung im Brückenbau. In: Curbach, M. (Hrsg.): Tagungsband zum 24. Dresdner Brückenbausymposium – Planung, Bauausführung, Instandsetzung und Ertüchtigung von Brücken. 10. – 11.03.2014 in Dresden, Eigenverlag; Technische Universität Dresden, ISBN 987-3-86780-240-6, 2014, S. 15 – 28.

BUILDING INFORMATION MODELING ODER DIE „DIGITALISIERUNG DER WERTSCHÖPFUNGSKETTE BAU"

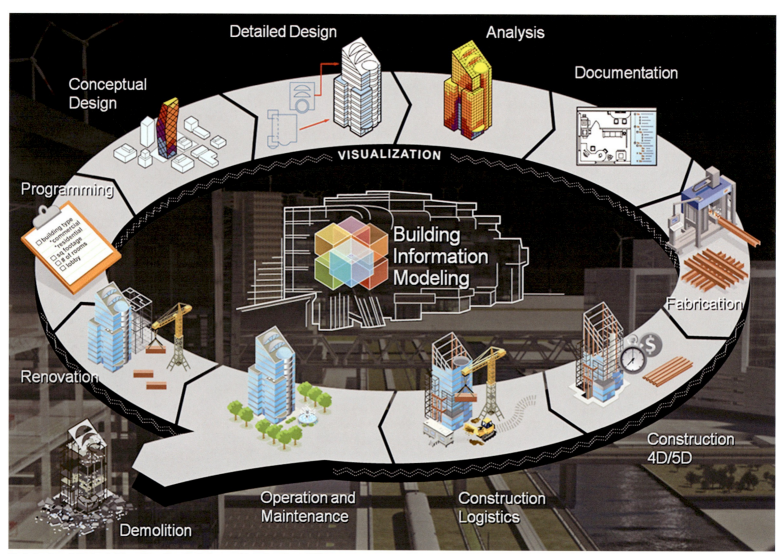

Digitaler, konsistenter Informationsfluss im Lebenszyklus einer Immobilie

Das problematische Akronym

Das Akronym „BIM" ist zu einem Trendbegriff geworden. Wir beobachten viele Kongresse zum Thema, fast jede Bausoftware behauptet BIM zu liefern, Unternehmen werben mit der Kompetenz BIM zu beherrschen und liefern zu können. Kurz BIM ist mittlerweile in aller Munde. Wir stellen allerdings fest, dass es (fast) so viele Erklärungen für BIM gibt, wie es echte oder selbsternannte Experten gibt. Eine „offizielle" oder einheitliche Erklärung des Schlagwortes fehlt bisher. Die Verwirrung wird noch vergrößert, da das Akronym sowohl für das eigentliche virtuelle Bauwerksmodell als auch für die Methode BIM verwendet wird.

Gut verwendbare Definitionen hierzu hat 2007 das NIBS (National Institute of Building Sciences, USA) vorgeschlagen.* Zusammengefasst wäre folgende Definition möglich: „BIM ist die Methode, mit digitalen Abbildungen der physischen und funktionalen Eigenschaften eines Bauwerks (und seiner Elemente), von der Initiierung bis zum Rückbau/Abriss zu arbeiten. Sie dient dazu, Informationen und Daten für die Zusammenarbeit, über den gesamten Lebenszyklus des Bauwerkes, zu erarbeiten, zur Verfügung zu stellen und miteinander zu teilen."

Die Definition mutet zunächst recht einfach, pragmatisch und sehr technisch an. Wenn man sich die Implikationen der Definition allerdings näher anschaut, wird schnell ein recht großes Komplikationspotenzial erkennbar.

Zunächst fällt auf, dass der Begriff „Building Information Modeling" deutlich zu kurz greift. Der Begriff „Building" schließt im Grunde den weitaus größeren Teil der Bauwerke, der Infrastruktur, aus. Diese gehören aber ebenso zur gebauten Umwelt und werden mit den gleichen oder sehr ähnlichen Methoden und Werkzeugen geplant, gebaut und betrieben.

Für alle Akteure, die das Thema tiefer durchdrungen haben, ist der wichtigste Teil des Akronyms das „I" für Information. Denn darum geht es im Grunde! Der anschaulichste Teil ist das „M" für Modeling.

Ingenieure und Architekten sind visuell orientiert. Da fällt es recht leicht, mit Abbildungen von komplexen dreidimensionalen Modellen zu beeindrucken. Nur geht es bei BIM im fortgeschrittenen Stadium nicht (mehr) darum Modelle zu erstellen, sondern diese im Prozessablauf eines Bauvorhabens innerhalb des Projektteams und dem Auftraggeber zur Verfügung zu stellen und, wie in der Definition vorgeschlagen, miteinander zu teilen. Hierbei stellen sich Fragen wie: Wer stellt wann, welche Teile (oder Teilmodelle) des (gemeinsamen) Datenmodells her, was sollen diese Teile enthalten, wer fügt wann, welche Informationen hinzu und welche Informationen darf ich wann im Datenmodell erwarten? Spätestens hier kommt der Name „Building Information Modeling" ins Wanken. Es wäre wohl besser von „Building Information Management" oder vielleicht auch von „Construction Information Management" zu sprechen.

Der Begriff „Management" schließt die Planung, die Organisation, die Beschaffung und die Kontrolle von Informationen über das Bauwerk ein und ist somit eher geeignet, den Prozess des Planens, Bauens und Betreibens eines Bauwerkes zu beschreiben. Allerdings ist dieser Begriff weder eingeführt noch sonderlich griffig. Wir werden also bei „Building Information Modeling" für BIM bleiben müssen.

Ein weiterer Hinweis auf ein großes Komplikationspotenzial ist die Forderung, Informationen und Daten für die Zusammenarbeit über den gesamten Lebenszyklus des Bauwerkes zu erarbeiten, zur Verfügung zu stellen und miteinander zu teilen. Eine reibungslose, partnerschaftliche und offene Zusammenarbeit zwischen Architekten, Ingenieuren, den Bauunternehmen und dem Auftraggeber und der offene, reibungslose Austausch von Informationen sind keineswegs der Normalfall beim Bauen und schon gar nicht der Austausch komplexer digitaler Informationen. Die Forderung, nun diese umfangreichen digitalen Informationen zur Verfügung zustellen und miteinander zu teilen, ist eine Kulturrevolution. Bisher tauschen wir Informationen nur recht zögerlich und möglichst „kopiergeschützt" auf Papier oder digital mit PDF-Dokumenten aus.

---

* Building Information Modeling: Building Information Modeling (BIM) is the act of creating an electronic model of a facility for the purpose of visualization, engineering analysis, conflict analysis, code criteria checking, cost engineering, as-built product, budgeting and many other purposes.
Building Information Model: A Building Information Model (Model) is a digital representation of physical and functional characteristics of a facility. As such it serves as a shared knowledge resource for information about a facility forming a reliable basis for decisions during its life-cycle from inception onward. A basic premise of BIM is collaboration by different stakeholders at different phases of the life cycle of a facility to insert, extract, update or modify information in the BIM process to support and reflect the roles of that stakeholder. The BIM is a shared digital representation founded on open standards for interoperability.

In vielen Unternehmen werden bereits Planungsobjekte mit hoher Qualität modelliert und mit guten Informationen ausgestattet. Nur wenn diese Planung mit anderen an der Planung und am Bauen Beteiligten „geteilt" werden soll, werden systematisch Daten und damit bereits vorhandene Werte vernichtet. Übergabeformate für komplexe Daten an andere Beteiligte, welche in der Regel auch andere Softwarewerkzeuge verwenden, sind im Normalfall der kleinste gemeinsame Nenner und transportieren nur einen Bruchteil der bereits vorhandenen Information. Die Erstellung von Bauwerksdatenmodellen mit einer Fülle von Informationen, die dann auch nicht nur die Anforderungen der eigenen Organisation erfüllen sollen, sondern auch die anderer Beteiligter, ist eine neue verantwortungsvolle Aufgabe, die einen höheren Aufwand erfordert als bisherige Lösungen. Im Gesamtprojekt werden mit durchgängigen Methoden des Informationsmanagements nach bisherigen Erfahrungen deutliche Effizienzsteigerungen erzielt. Wenn aber der wirtschaftliche Vorteil nicht unbedingt dort entsteht, wo ein höherer Aufwand erforderlich wird, bedeutet das aber auch eine Neuorganisation der Zusammenarbeitsmodelle und Vergütungssysteme [1].

BIM ist eine Methode, keine Software

Building Information Modeling ist eine effiziente Planungsmethode für das Gesamtprojekt, die den Planungsprozess transparenter und nachvollziehbarer machen kann. Eine Methode, die konsequent angewendet auch einen fundamentalen Wechsel hin zu einer kooperativen, interdisziplinären und vernetzten Arbeitsweise erfordert. Das Thema verlangt eine strategische Entscheidung mit weitreichenden Folgen und gehört insofern nicht in die IT-Abteilung, sondern zunächst in die Geschäftsleitung. Die Effizienz wird umso größer sein, je besser ein kooperatives Handeln praktiziert werden kann und je länger die Methode in der Wertschöpfungskette (im Lebenszyklus) eines Bauwerks verankert ist. Komplexe Bauprojekte erfordern von Planern, Bauausführenden, Auftraggebern und Betreibern nicht nur eine hohe fachliche Kompetenz. Sie setzen auch voraus, dass diese zeitgemäße Instrumentarien beherrschen, um mit den mittlerweile üblichen großen Datenmengen und Informationen in einem Projekt mit vielen Beteiligten souverän umgehen zu können. Building Information Modeling kann Aufwand und Fehler, die im Planungs- und Bauprozess entstehen, spürbar reduzieren. BIM geht weit über das Arbeiten mit digitalen Datenmodellen in der eigenen Organisation hinaus. BIM ist erst dann wirklich erfolgreich, wenn eine partnerschaftliche Zusammenarbeit zwischen den Beteiligten mit konsistenten Datenmodellen und einem konsequenten Informationsmanagement entsteht.

Win-Win-Situation in der Planungspraxis

Die Nutzung moderner Informations- und Kommunikationstechniken kann mittels einer umfassenden konsistenten Datenbasis für alle Baubeteiligten unmittelbare und gleichzeitige Verfügbarkeit aller aktuellen und relevanten Daten ermöglichen und damit eine große Prozesstransparenz sicherstellen. Die Methode ermöglicht und formt den Informationsaustausch in digitalen und konsistenten Prozessketten. Die Information steht fach- und disziplinübergreifend zur Verfügung. BIM hat somit das Potenzial, entscheidend zur Kosten- und Terminsicherheit beizutragen, bessere Planungs- und Ausführungsqualität sowie Fehlerreduzierung zu gewährleisten und umfassende Lebenszyklusbetrachtungen zu ermöglichen.

Ein Beispiel: Das koordinierte, interdisziplinäre, virtuelle Bauwerksmodell entspricht, wenn sorgfältig vorbereitet, dem Stand der Modellbearbeitung. Besprechungen finden anhand eines für alle Beteiligten gleichzeitig sichtbaren Modells mit Detailinformationen statt, ohne dass die Information aus einer Reihe von unterschiedlichen Dokumenten in Geheimsprachen (Zeichnungsnormen) „zusammengedacht" werden müssen. Genau hier liegt der Unterschied zu einer traditionellen Planungsbesprechung: Alle sehen das Gleiche. Die daraus resultierenden Vorteile sind enorm: Die Darstellung ist vollständig und konsistent. Kollisionsprobleme werden sofort erkannt. Selbst ungeschulte Beteiligte oder die späteren Nutzer verstehen die Modelle – weit besser als herkömmliche Grundrisse und Schnitte auf Papier (weil nicht mehr in Geheimsprache verfasst). Die erforderlichen Daten lassen sich jederzeit auslesen und analysieren. Die Technik lässt sich für ortsunabhängige Videokonferenzen nutzen, die Modelle eignen sich auch für die „Sichtkommunikation" zwischen den Planungsbeteiligten ohne zeitaufwendige Reisen. Der Ort des Handelns wird nahezu irrelevant. BIM bietet damit auch kleinen Büros die Chance, sich am überregionalen Markt zu beteiligen. Die Vernetzung mit Kollegen führt zur Bündelung von Kompetenzen, Schlagkraft und Erfahrung aller Beteiligten. Bauherren, insbesondere öffentliche Auftraggeber, werden hiervon profitieren: Verbesserte Kostentransparenz und Kostenkontrolle, gesteigerte Planungsqualität und Planungsdisziplin bis hin zu optimiertem Lebenszyklus-Management sind Gründe, die digitale Datengrundlage zu entwickeln. Die neue Europäische Vergaberichtlinie berücksichtigt bereits die Möglichkeit, BIM-Lösungen in der Vergabe von Planungs- und Bauleistungen zu fordern.

So machen es die Anderen

In einer Reihe von europäischen Nachbarländern, in den USA, in Asien und Australien wird BIM bereits erfolgreich praktiziert. In Finnland wurde kürzlich die zweite aktualisierte Version von einheitlichen BIM-Richtlinien für die beteiligten Planungsdisziplinen vorgelegt. In Norwegen, Dänemark und den USA gibt es solche Anweisungen seit Längerem. Die britische Regierung hat im Mai 2011 das zurzeit ambitionierteste Programm aufgelegt, demzufolge ab 2016 alle relevanten öffentlichen Bauvorhaben mit BIM-Methoden durchgeführt werden. Um die Anforderungen der öffentlichen Auftraggeber für die digitalen Informationsübergaben zu spezifizieren und die Beteiligten der Bauwirtschaft auf diese Aufgabe vorzubereiten, hat die britische Regierung eine nationale Task Group eingesetzt [3].

Was passiert im „Land der Ideen"?

In Deutschland steckt BIM im Bauwesen immer noch in den Kinderschuhen, während Flugzeug-, Automobiloder Schiffbau längst erfolgreich mit konsistenten und prozessdurchgängigen Datenmodellen in hochdifferenzierten Teams arbeiten. Um als deutsche Planungs- und Baubranche im internationalen Kontext wettbewerbsfähig zu bleiben und Kosten zu senken, müssen wir uns daran orientieren, was in anderen Branchen und in anderen Ländern längst gang und gäbe ist. Die Herausforderungen sind vielfältig, obwohl die nötigen Basistechnologien weitgehend vorhanden sind. Dabei geht es nämlich nicht nur um technische, sondern auch um vertragliche und organisatorische Fragen. Bisher routiniert verwendete Leistungsbilder und Honorierungsregelungen sowie organisatorische Schnittstellen zwischen den Disziplinen müssen substantiell verändert und ergänzt werden. Viele Beteiligte haben gegenüber dem Einstieg in die interdisziplinäre BIM-Methodik Vorbehalte aufgrund vermeintlicher Risiken. Die Methodik setzt jedoch eine grundsätzliche Offenheit gegenüber neuen Arbeits- und Kollaborationsmethoden mit neuen Rollen voraus.

Runter von der Insel

Die aktuelle BIM-Praxis in Deutschland geht in der Regel (noch) nicht über die Optimierung der Planungs- und Realisierungsprozesse im eigenen Unternehmen bzw. im eigenen Einflussbereich hinaus. Eine ganze Reihe von Planungsbüros und Bauunternehmen haben in ihrer eigenen Organisation BIM-Prozesse implementiert und damit die eigene Arbeit effizienter gemacht. Um das zu erreichen, haben sie Investitionen vorgenommen, Mitarbeiter ausgebildet sowie Prozesse und Datenkonventionen definiert. Damit sind sie in ihrem Einflussbereich recht erfolgreich. Gleichzeitig ist aber auch eine neue babylonische Sprachverwirrung entstanden. Da jede Organisation ihre eigenen Konventionen und Eigenheiten entwickelt hat, können sie nicht ohne Weiteres mit anderen Organisationen Informationen austauschen und kommunizieren. Bei der Integration von neuen Beteiligten müssen Konventionen angeglichen werden und Beteiligte sich neuen Konventionen anpassen. Dies erfordert weiteren, vermeidbaren Aufwand.

In Ermangelung von abgestimmten, einheitlichen Kommunikationsstandards der in den einzelnen Prozessschritten im Lebenszyklus eines Bauwerks erforderlichen Informationen hat jede Organisation ihre eigene

Regelung entwickelt, determiniert durch die verschiedenen Software-Werkzeuge, die ganz unterschiedliche und in der Regel nicht konsolidierte Lösungen anbieten. Insofern gibt es bereits den erfolgreichen Einsatz von BIM-Anwendungen in diversen Organisationen, die aber alle nur einen mehr oder weniger kleinen Ausschnitt der gesamten Wertschöpfungskette darstellen und somit ein Inseldasein fristen. Diese Einschränkung haben gewichtige Akteure im Markt erkannt und entwickeln eine konzertierte Initiative, um diesen Zustand zu überwinden. Dies kann jedoch nur geschehen, wenn einheitliche Konventionen entwickelt werden, wer, wann, welche Informationen für welchen Zweck zu liefern hat.

In einem hoch fragmentierten Markt wie der Bauwirtschaft wird es nicht möglich sein, diese einheitlichen Konventionen zu entwickeln, wenn nicht zentrale Autoritäten identifiziert werden können, welche die wesentlichen Zielvorgaben definieren. Hier sind insbesondere die Auftraggeber-Organisationen der öffentlichen Hand gefragt, die die wesentlichen Informations- und Datenanforderungen definieren sollten, um ihre eigenen Entscheidungen auf transparenten, konsistenten und digitalen Informationen belastbar aufzubauen zu können. Die Auftragnehmer werden auf der Grundlage dieser Zielanforderungen dann im Detail ihre eigenen Prozesse selbst organisieren können und einheitliche Konventionen entwickeln.Damit stünde der Weg offen zu einem verlustfreien, konsistenten Informationsaustausch zwischen den Beteiligten – und der Weg runter von der Insel wäre frei.

Digitalisierung der Wertschöpfungskette Bau

Um die anstehenden Aufgaben zur Ausschöpfung der Effizienzpotenziale zu beschreiben, wäre es wohl geeigneter von der „Digitalisierung der Wertschöpfungskette Bau" zu sprechen, als das häufig missverständliche Akronym BIM zu verwenden.

Um diese Aufgaben bewältigen zu können, wird es erforderlich sein, eine Plattform vieler (aller) Beteiligten der Wertschöpfungskette zu entwickeln. Während in standortgebundenen Industrien, insbesondere im Maschinenbau, der flächendeckende Einzug moderner Informations- und Kommunikationstechniken und der Aufbau eines deutschen Leitmarktes innovativer Produktionstechnologien unter dem Stichwort „Industrie 4.0" mit wesentlicher Unterstützung der Bundesregierung voranschreitet, hinkt der Baubereich heute noch deutlich hinterher. Die durchgängige Digitalisierung aller planungs- und realisierungsrelevanten Bauwerksdaten sowie deren durchgängige Kombination und Vernetzung als virtuelles Bauwerksdatenmodell birgt gerade in der Wertschöpfungskette Bau mit ihren komplexen Planungs- und Prozessabläufen erhebliche Innovations- und Effizienzpotenziale.

Diese Position wurde auch innerhalb der Reformkommission Großprojekte eingenommen. Hierzu hat eine spezifische Arbeitsgruppe im Auftrag der Kommission Vorschläge erarbeitet, deren Umsetzung entscheidend zu einer Verbesserung der Transparenz und der Vernetzung in Planung und Realisierung von Bauvorhaben beitragen kann.

Es ist höchste Zeit, dass die Baubeteiligten die Effizienzpotenziale dieser Innovation nutzen und die Prozesse in der Wertschöpfungskette Bau darauf ausrichten. Nicht nur im Vergleich zu anderen Wirtschaftsbranchen gilt es, methodisch aufzuschließen, sondern auch im weltweiten Branchenvergleich. Hier liegt Deutschland bei der Einführung der Methode einige Jahre zurück.

Die Aktivierung unterschiedlicher Akteure (Bauherren, Planer, Bauhaupt- und Ausbaugewerbe, Zulieferer, Baustoffhersteller; unterstützende Dienstleister und Institutionen) bedarf in der vergleichsweise fragmentierten Wertschöpfungskette Bau allerdings eines Impulses, den wahrscheinlich nur der Staat und mit ihm die öffentlichen Hände als größte Auftraggeber-Gruppe setzen kann. Das Thema ist am 15. Mai 2014 Gegenstand in der 3. Sitzung der Reformkommission gewesen. Ähnlich wie derzeit bei der Initiative Industrie 4.0 wurde durch die Reformkommission Großprojekte im BMVI die Gründung eines nationalen Kompetenzzentrums, der Aufbau einer Wissensplattform und die Erarbeitung einer integrierten Forschungsagenda empfohlen [2].

Die Bundesregierung wird gebeten, diese Plattform sowohl im Rahmen einer Innovationsinitiative als auch in den relevanten Forschungsinitiativen zu unterstützen und damit einhergehend auch Signale für eine breite Anwendung von transparenten, digitalen Prozessen in der öffentlichen Vergabe zu setzen. Der Vorschlag wurde von den zentralen Berufsverbänden der deutschen Bauwirtschaft aufgegriffen und wird vom Ministerium mitgetragen.

In den nächsten Jahren wird das Thema mit Sicherheit auch in der Praxis der deutschen Bauwirtschaft für eine hohe Dynamik sorgen. Insofern sind alle Organisationen der Wertschöpfungskette Bau gut beraten, sich auf die kommenden Veränderungen einzustellen und zu verstehen, die Potenziale von BIM auch zu nutzen.

Siegfried Wernik

Literatur
[1] Liebich, Schweer, Wernik (2011): Auswirkungen der Planungsmethode Building Information Modeling (BIM) auf die Leistungsbilder und Vergütungsstruktur für Architekten und Ingenieure sowie auf die Vertragsgestaltung. http://www.bbsr.bund.de/BBSR/DE/FP/ZB/Auftragsforschung/3Rahmenbedingungen/2010/BIM/01_start.html?nn=436654&notFirst=true&docId=434176.
[2] Reformkommission Großprojekte (2014): Nationale BIM Plattform. http://www.bmvi.de/SharedDocs/DE/Pressemitteilungen/2014/036-dobrindt-reformkommission-bau-von-grossprojekten.html?nn=35712.
[3] UK BIM Task Group (2011): www.bimtaskgroup.org.

UNSICHTBARER BETON – BEMERKUNGEN ZUR 400-JÄHRIGEN GESCHICHTE EINES INGENIEURWERKSTOFFS

1

Das Bauwesen ist durch ausgeprägte Kontinuität gekennzeichnet. Über Jahrtausende hat man mit Mauersteinen und Holz gebaut. Erst der moderne Ingenieurbau des 20. und 21. Jahrhunderts hat diese Tradition durch neue Materialien und Bauweisen aufgemischt. Gefragt, was denn das Bauen der Moderne entscheidend von den vorausgegangenen mindestens vier Jahrtausenden traditionellen Bauens unterscheidet, würde den meisten wohl ziemlich schnell eine Antwort einfallen: *Beton*. Ihn gibt es doch erst seit etwa 1900, oder? Halt, da war doch noch was: Der historisch Interessierte denkt im nächsten Moment vielleicht noch an den römischen Beton, Kuppel des Pantheons in Rom, Caracallathermen … Und was ist eigentlich zwischen der Römerzeit und 1900 mit dem Beton passiert?

Bevor wir an die Beantwortung dieser Frage gehen, ist es wichtig, sich erst noch einmal einiger vermeintlicher Selbstverständlichkeiten zu vergewissern: Beton, was ist das? Als Beton wollen wir ein Gemenge aus einem Bindemittel, Sand und Kies bezeichnen, das unter Zusatz einer nicht allzugroßen Menge von Wasser gründlich gemischt, in eine Schalung eingefüllt und verdichtet wird und sodann rasch zu einer monolithischen Masse erhärtet. Ein wesentliches Merkmal des Betons ist das Bindemittel – heute meist Portlandzement –, das im Gegensatz zum wichtigsten historischen Bindemittel, dem Kalk, auch ohne Luftzutritt abbindet und innerhalb kurzer Zeit hohe Festigkeiten erreicht.

Römische Vorbilder?

Sehen wir uns auf Grundlage dieser Definition, was heute „Beton" ist, den „römischen Beton" genauer an, so werden ganz schnell wesentliche Unterschiede zwischen ihm und dem modernen Konstruktionswerkstoff deutlich. Es ist heute unumstritten, dass bei der weit überwiegenden Mehrzahl aller römischen Betonkonstruktionen keine fertig gemischte Masse eingebaut wurde, sondern separat voneinander und lagenweise Mörtel (bestehend aus Bindemittel und Sand) und Bruchsteine geschüttet wurden. Die Übergänge zwischen einem unregelmäßigen, jedoch lagerhaften Bruchsteinmauerwerk, *opus incertum*, und einem echten „Beton", *opus caementicium*, sind somit fließend. Besonders deutlich lässt sich bis heute das abwechselnde Einbringen von Mörtel- und Bruchsteinschichten an manchen römischen Bauten nachvollziehen, bei denen für die einzelnen Bruchsteinschüttungen abwechselnd dunkles und helles Steinmaterial verwendet wurde, so beim Fundament des Triumphbogens des Titus in Rom (Bild 1). Dieses Fundament zeigt außerdem vertikale Aussparungen, die man als Spuren von Hölzern interpretieren muss, die in den Boden eingerammt wurden und an denen die Schalung des Fundaments befestigt war. Außer bei Fundamenten und bei Gewölben, bei denen im Endzustand der Beton unsichtbar blieb, haben die römischen Baumeister ihren Beton allerdings meist nicht direkt gegen eine hölzerne Schalung geschüttet, sondern lieber einen mehrschaligen Wandaufbau mit einer beidseitigen Ziegel- oder Werksteinverkleidung gewählt. Die Steinverkleidung diente als „verlorene Schalung", ermöglichte vielleicht Einsparungen beim Schalungstragwerk und stellte eine ansehnliche Optik der Wandoberfläche sicher. Der Beton blieb hinter den Außenschalen der Wand unsichtbar.

In einem wesentlichen Punkt weist der römische Beton allerdings deutliche Gemeinsamkeit mit modernem Beton auf: Er wurde stets mit „hydraulischem" als auch unter Wasser erhärtendem Bindemittel hergestellt. Dies erzielte man, indem man dem normalen Luftkalk fein gemahlene vulkanische Eruptionsgesteine zusetzte, das *pulvis puteolanis* (Puzzolanerde), das in Italien bis heute an zahlreichen Orten von Natur aus zur Verfügung steht. Auch andere Beimischungen, die den normalen Luftkalk wenigstens schwach hydraulisch machten, etwa feines Mehl aus gebrannten Ziegeln, waren den Römern bekannt. Aus Kalkmörtel mit beigemengtem Ziegelmehl, *opus signinum,* stellte man zum Beispiel den wasserdichten und wasserfesten Innenputz von Wasserbecken und Zisternen her, wie auch *Vitruv* in Kapitel 6 des 8. Buches seiner *Zehn Bücher über das Bauwesen* berichtet. Die Zusätze, die den Kalkmörtel hydraulisch machten, ließen ihn auch wesentlich schneller abbinden. Das mit dem hyraulischen Mörtel hergestellte Füllmauerwerk der mehrschaligen Mauern erreichte so hohe Festigkeiten, dass heute häufig nur noch der Opus-*caementicium*-Kern der römischen Bauten den jahrhundertelangen Einwirkungen der Witterung – und dem mittelalterlichen und frühneuzeitlichen Materialraub! – widerstanden hat.

Die römische Bautechnik diente den folgenden Jahrhunderten als Vorbild. Zum Beispiel errichtete man bis ins 19. Jahrhundert sehr häufig mehrschalige Mauern mit unregelmäßigem Bruchsteinkern und Werkstein- oder Backsteinverkleidung. Das Einzige, was schnell verloren ging, war das Wissen über die hydraulischen Zusätze. Man baute nun mit normalem Kalkmörtel. Damit reiner Kalkmörtel überhaupt einigermaßen kontrolliert erhärtet, braucht es über längere Zeit ein fein abgestimmtes Regime von Luftzutritt und Feuchtigkeit. Für Massenbeton ist Luftkalkmörtel daher ungeeignet.

Renaissance

Nur in Italien blieb das Wissen über die Puzzolane lokal erhalten. Von dort ging auch die Renaissance des Werkstoffs Beton aus. So schrieb *Buonaiuto Lorini*, ein aus dem florentinischen Adel stammender Festungsbau-Experte in Diensten der Republik Venedig, in seinem Lehrbuch *Delle Fortificationi* (1597/1609) über die Konstruktion der Festungsmauern: „Zum Bau dieser Mauern kann man viererlei Material verwenden, nämlich Werkstein (*pietra viva*), Bruchstein (*pietra morta*), Backstein (*mattoni cotti*) oder einfachen Kies, mit Kalkmörtel vermengt (*ghiara semplice impastata con calcina*). Von diesen allen ist der Werkstein, und vor allem der leicht zu zerbrechende harte Naturstein, der schlechteste. Wenn man davon große Quader hestellt, wird das Werk sehr schön und gut aussehen, aber man wird es dem Beschuss nicht aussetzen dürfen; der Bruchstein oder auch der Tuffstein – wenn man daraus Quader herstellt –, ist etwas besser geeignet, vor allem dann, wenn er von einer Sorte ist, die sich gegen die Einflüsse der Witterung gut erhält. Genauso eignen sich Backsteine. Das beste Material aber, um die Fundamente auszufüllen, und auch weiter oben das Innere der Mauern herzustellen, ist der Flusskies. Man stellt eine Mauerverkleidung aus Backstein oder anderem Material her und füllt das Ganze mit einer Mischung aus Kies und Kalkmörtel.

1 Römischer Beton (Titusbogen Rom, 1. Jh. n. Chr.). Am Wechsel von dunklem und hellem Material wird das lagenweise Einbringen von Steinen und Mörtel ablesbar.

2

3

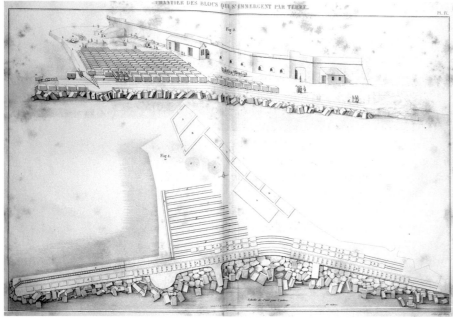

4

Diese Mischung bindet umso besser ab, je stärker der Kalk ist, das heißt, je schneller er erhärtet: Diese Arbeitstechnik nennt sich Gussmauerwerk (*getto*), und die Bauweise heißt *calcistruccio*." (*Lorini* 1609, S. 128). Die zitierte Stelle ist wohl eine der frühesten nachweisbaren Verwendungen des noch heute gebräuchlichen, modernen italienischen Ausdrucks für Beton, *calcestruzzo*. Lorini kannte außerdem auch Mittel, reinen Kalkmörtel für die Betonherstellung zu adaptieren: „Wo der Kalk reinweiß ist und langsam erhärtet, muss man den Sandanteil im Mörtel durch *terra rossa* ersetzen, die von scharlachroter Farbe ist, und [...] in der gegensätzlichen Verbindung mit dem reinweißen Kalk einen Mörtel ergibt, der schnell und optimal erhärtet." (*Lorini* 1609, S. 128). Mit der *terra rossa* war wahrscheinlich Puzzolanerde gemeint.

Etwa gleichzeitig mit *Lorinis* Buch erschien in Venedig eine weitere hochinteressante Veröffentlichung, nämlich die Vitruv-Ausgabe des *Giovanantonio Rusconi* (1590). Unter anderem bildet *Rusconi* das manuelle Mischen größerer Mengen von Mörtel mit Hacken ab und er illustriert auch die Herstellung eines „Beton"-Fundamentes für eine Stadtmauer (Bild 2). Der vom Verleger *Rusconis* formulierte Begleittext, der sich frei von *Vitruvs* Original entfernt, teilt dazu mit: „Diese Fundamente werden mit Bruchstein, gemischt mit Kalk und Sand (*arena*), ausgefüllt." (*Rusconi* 1590, S. 9).

In den beiden Texten *Lorinis* und *Rusconis* deutet sich zum ersten Mal die Idee einer modernen Beton-Konstruktion an. Dem Anblick entzogen, also ohne architektonische Wirkung, bricht sich in den folgenden Jahrhunderten bei reinen Ingenieurbauwerken eine Bautechnik Bahn, die erst im späten 19. Jahrhundert auch optisch in Erscheinung treten wird und dann schon einen hohen Grad an Perfektion erreicht hat. Die umfangreichen technologischen Erfahrungen, die bis dahin mit dem „unsichtbaren Beton" gesammelt worden waren, ermöglichten den spontanen Siegeszug des Materials ab etwa 1900.

Molen und Wellenbrecher

Neben dem Festungsbau war das ureigenste Betätigungsfeld der frühen Ingenieure und ihrer Vorläufer der Wasserbau. Dort muss man nach den frühesten Spuren anspruchsvoller Ingenieurbaukunst mit Beton suchen. Schon bei *Lorini* wird das Thema zum ersten Mal angesprochen. Er empfiehlt beim Bau von Wellenbrechern, Molen und Festungen im Meer die Verwendung möglichst großer Natursteinquader (Bild 3). Wo es nicht möglich ist, die Baugrube mit Fangedämmen zu umschließen und trockenzulegen, sollen Taucher in einer Taucherglocke das gezielte Platzieren der Quader vor Ort überwachen (*Lorini* 1609, S. 192). Das Verfugen der Steinblöcke und das Ausfüllen des Innenraums der Mole unter Wasser will *Lorini* sodann mithilfe eines hölzernen Trichters bewerkstelligen, durch den der fertig gemischte Beton (*calcina mescolata con pietre piccole per riempire i vacui*, also Kalkmörtel, gemischt mit kleinen Bruchsteinen, zum Ausfüllen der Hohlräume) auf den Meeresgrund geschüttet wird – „ohne dass die Bewegung des Wassers den Kalk auswaschen könnte" (*Lorini* 1609, S. 193). Zweifellos darf man voraussetzen, dass auch hier hydraulischer Kalk zum Einsatz kommen soll. Ob *Lorini* jemals eine Mole mit dieser Technik gebaut hat, ist ungewiss. Seine beiden Ideen – Verwendung von möglichst großen Blöcken und von Unterwasserbeton – sollten aber dem Molen- und Wellenbrecherbau bis zur Mitte des 19. Jahrhunderts noch wichtige Impulse geben. Die Verwendung riesiger Naturstein-Blöcke brachte die Schwierigkeit mit sich, dass dergleichen Blöcke nicht immer in einem Steinbruch in direkter Nähe zur Wellenbrecher-Baustelle gewonnen werden konnten und kaum transportabel waren. Schon 1688 empfahl daher *Vincenzo Viviani*, der letzte Schüler *Galileis*, in einem Gutachten für den Medici-Fürsten *Cosimo III.* für flussbauliche Maßnahmen am Arno in Florenz die Verwendung von *cantoni di smalto*, also eigens vor Ort hergestellten Betonprismen (*Raccolta d'autori Italiani che trattano del moto dell'acque*, 1822, Band 3, S. 423 und 431–432).

Den absoluten Höhepunkt erreichte der Wasserbau mit derartigen Betonfertigteilen aber erst im frühen 19. Jahrhundert, und zwar bei der Errichtung einer Mole zum Schutz des Hafens von Algier nach der französischen Besetzung 1830. Unter Leitung der jungen französischen Ingenieure *Leopold-Victor Poirel* (1804–1881) und *Jean-Baptiste Krantz* (1817–1899) wurden in den Jahren bis 1842 Tausende quaderförmiger Betonblöcke hergestellt und als Grundlage des Wellenbrechers im Meer versenkt (Bild 4). Die Bautechnik bewährte sich hervorragend, die Mole existiert noch heute. *Poirel* fasste 1841 in einer Monografie *Mémoire sur les travaux à la mer* seinen Anteil an den Planungsarbeiten und der Bauleitung zusammen und teilte viele technische Details mit. Die meisten der Blöcke wurden in hölzernen Kästen von 3,40 × 2 × 1,50 Metern hergestellt, wogen also gut 20 Tonnen (*Poirel* 1841, S. 9). Diese schweren Blöcke wurden nach dem Ausschalen auf eine Art „Eisenbahnwagen" gehoben und über eine eigens eingerichtete Feldbahn an den Ort ihrer Versenkung im Meer gefahren. Dort wurde der Wagen zur Seite gekippt, sodass der Block ins Meer rutschen konnte. Einzelne Blöcke wurden jedoch auch mit Pontons auf dem Wasserweg zu ihrem Bestimmungsort geflößt (*Poirel* 1841, S. 12–13).

Unter *Poirels* Nachfolger *Krantz* wurde insbesondere die Feldfabrik zur Herstellung der benötigten großen Betonmengen weiter perfektioniert (Bild 5). Unter Ausnutzung der Lage der Baustelle zu Füßen des Stadthügels von Algier wurde ein ausgeklügeltes System des Materialtransports eingerichtet, das soweit als möglich jedes unnötige Anheben des Materials vermied und die verfügbaren Fallhöhen zum automatisierten Mischen des Betons einsetzte. Zunächst wurde – unter Einsatz von Strafgefangenen als Antriebskraft – auf dem obersten Stockwerk der Fabrik der Mörtel in großen Mischtonnen zubereitet, die einer modernen Mörtelmischmaschine nicht unähnlich waren. Hierauf wurden Mörtel und Zuschläge gemeinsam in einen vertikalen Fallschacht mit schräg angeordneten Schikanen gekippt. Am unteren Ende dieses Fallschachtes kam dann angeblich ausreichend gut gemischter Beton heraus und fiel direkt in die darunter aufgestellten Schalungskästen. Für die Herstellung des Betons verwendete man in Algier noch original italienische Puzzolane, die von Civitavecchia per Schiff herbeigeschafft wurden.

2 Bau des Fundamentes einer Stadtmauer nach Giovanantonio Rusconi (1590). Links ist in die Baugrube bereits der Beton eingebracht. Rechts sind Arbeiter noch mit dem Erdaushub beschäftigt. Links oben in der Ecke ist eine ganze Mannschaft damit beschäftigt, den benötigten Mörtel mit Hacken zu mischen.
3 Verladen großer Natursteinblöcke für den Molenbau (Buonaiuto Lorini 1609).
4 Herstellung und Versenkung großer Betonblöcke beim Bau der Mole in Algier in den 1830er Jahren (Poirel 1841)

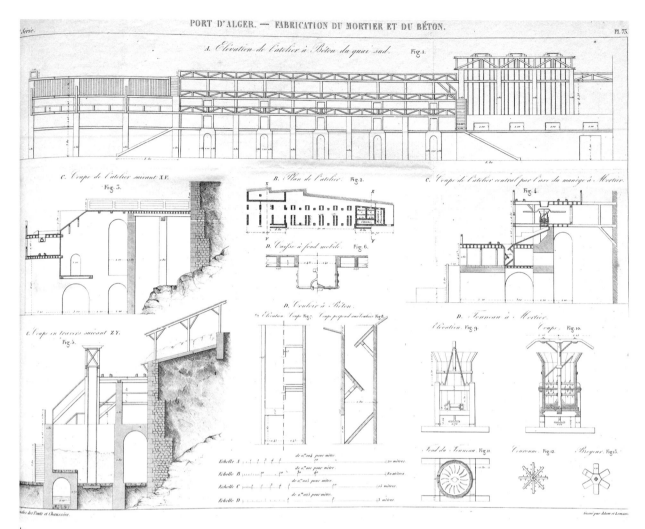

5

LIVRE III. DE LA CONSTRUCTION DES TRAVAUX. 27
Charbon de Terre est excellent pour les Fours à Chaux, comme je l'ai déjà dit ailleurs.

Préparation du Ciment

Prenez des vieux Tuileaux, ou Ecailles de pots cassez, faittes les réduire en farine et passer au Tamis de Boulanger, ou au Bluteau, ayez un Bassin de planche semblable à ceux où l'on Corroye le mortier ordinaire, faittes mettre dans le Bassin un tiers de bonne chaux, et deux tiers de cette farine après y avoir fait verser autant d'eau qu'il en faut pour Dissoudre la chaux, et rendre le mortier un peu liquide il faut le battre et Corroyer une demi journée, observant de n'y mettre de l'eau que la première fois, et de l'employer tout chaud et tout frais battu.

6

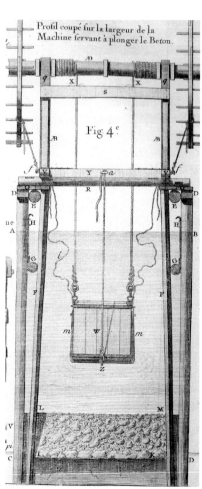

7

„Wassermörtel"

In der Zwischenzeit hatte sich allerdings der Wissensstand über natürliche und künstliche hydraulische Kalke dramatisch vermehrt. In seinem Buch *La science des ingénieurs dans la conduite des travaux de fortification* (1729) beschrieb der französische Ingenieur-Offizier *Bernard Forest de Bélidor* ausführlich die verschiedenen Möglichkeiten, Kalkmörteln durch Zusätze hydraulische Eigenschaften zu verleihen. Neben den italienischen Puzzolanen besprach *Bélidor* auch den holländischen Trass, die aus Südbelgien stammende *Cendrée de Tournai* und Hammerschlag, der beim Schmieden von Eisen abfiel, als geeignete Zusätze zum Kalkmörtel (*Bélidor* 1729, Buch III, S. 11). *Bélidors* Buch wurde viel gelesen und beachtet. In der Folge setzte eine erhöhte Nachfrage nach den Mörtelzusätzen ein, die im Verlauf des 18. Jahrhunderts deren Preis gewaltig in die Höhe trieb. Kein Wunder also, dass man schon im 18. Jahrhundert – vor allem in Ländern, die sowohl fernab vom italienischen Puzzolan als auch vom holländischen Trass lagen, – nach kostengünstigen Alternativen zu suchen begann. Als Beispiel zeigt Bild 6 ein privates „Rezept" für „Zement", das ein Leser des 18. Jahrhunderts in die *Bélidor*'sche *Science des Ingénieurs* eingeklebt hat und das die Verwendung von fein gesiebtem Ziegelmehl empfiehlt: „Man nehme alte Dachziegel oder Scherben von zerschlagenen Töpfen und lasse sie zu Mehl mahlen ...". Die Wirksamkeit von Ziegelmehl als hydraulischem Zusatz zu Kalkmörtel blieb allerdings noch lange zweifelhaft. Noch 1799 klagte der deutsche Wasserbau-Ingenieur *Reinhard Woltmann*: „Es mag seyn, daß oft der Kalk, oft der Sand, oft der Thon aus welchem die Ziegeln gebrannt werden, etwas Besonderes an sich haben: mir hat diese Erhärtung bey Versuchen im Kleinen nie gelingen wollen." (*Beyträge zur Hydraulischen Architectur*, Bd. 4, 1799, S. 402). Blieb also nur der Ausweg, den teuren holländischen Trass zu kaufen, denn die italienische Puzzolanerde war in Deutschland noch kostspieliger. So sah dies auch der hohe preußische Baubeamte *Johann Albert Eytelwein* (*Praktische Anweisung zur Wasserbaukunst*, Bd. 3, 1805, S. 48). Allerdings sollte schon bald durch die Forschungen von *John Smeaton* (veröffentlicht 1791), *Louis Vicat* (1818) und *Johann Friedrich John* (1819) die Chemie des hydraulischen Kalkes aufgeklärt und dessen gezielte Produktion mit einheimischem Ausgangsmaterial ermöglicht werden.

Unterwasserbeton und Schleusenbau

Bélidor machte nicht nur Details zur Zusammensetzung hydraulischen Mörtels bekannt; er beschrieb in seinem 1753 erschienenen Werk *Architecture Hydraulique* auch ein erfolgreich durchgeführtes frühes Beton-Projekt, nämlich den Bau einer Mole aus Unterwasser-Ortbeton im Jahre 1748 in Toulon (Bild 7). Der Beton wurde dort unter Wasser zwischen zwei stabilen Spundwänden mithilfe eines rund einen Kubikmeter fassenden hölzernen Kübels eingebracht, dessen Boden per Seilzug geöffnet werden konnte. Der Kübel hing an einer längs der Mole verschieblichen Betoniermaschine.

Bélidor schrieb: „Man beachte, dass der Beton, obwohl er trocken eingebracht wird, sich ausbreitet und weich wird, wenn er am Grund des Wassers ankommt. Man verschiebt die Betoniermaschine, sobald man ein Bett von zehn bis zwölf Zoll Dicke eingebracht hat, welches man über die gesamte Fläche des Fundamentes ausdehnt. Danach schüttet man eine Schicht von Bruchsteinen mittlerer Größe darauf, wobei die größten Brocken nicht größer als ein Viertel Kubikfuß sein dürfen. Man achtet darauf, diese Bruchsteine sorgfältig nebeneinander auszubringen, sodass sie sich in den aufgeweichten Mörtel eindrücken, welcher hernach im Verlauf von drei oder vier Monaten aushärtet und ein wasserunlösliches Mauerwerk ergibt, umsomehr, als es sich später noch weiter verfestigt. Nach der Steinschicht bringt man eine neue Lage Beton ein, dann wieder Steine, und so weiter abwechselnd bis zu einer Höhe von 6 oder 7 Fuß unterhalb der Wasseroberfläche. Ist man bis hierher fortgeschritten, kann man die Verwendung des Betonkübels aufgeben und den Beton direkt mit Schaufeln und Eimern einbringen." (*Bélidor* 1753, Teil II, Band 2, S. 186–187). Bemerkenswert ist, dass auch hier noch feiner Mörtel und gröbere Zuschläge getrennt voneinander und lagenweise abwechselnd eingebaut werden, genau nach dem altrömischen Vorbild.

5 Feldfabrik zur Herstellung des Betons für die Mole in Algier (*Annales des Ponts et Chaussées* 1844), wohl die erste Betonfertigteilfabrik der Welt
6 Privates „Betonrezept" eines französischen Ingenieurs des 18. Jahrhunderts, eingeklebt in eine Bélidor-Ausgabe von 1739. Es wird empfohlen, dem Kalkmörtel fein gemahlene und gesiebte gebrannte Ziegel zuzusetzen
7 Bau einer Mole in Toulon mit Unterwasserbeton durch Milet de Monville (Bélidor 1753)

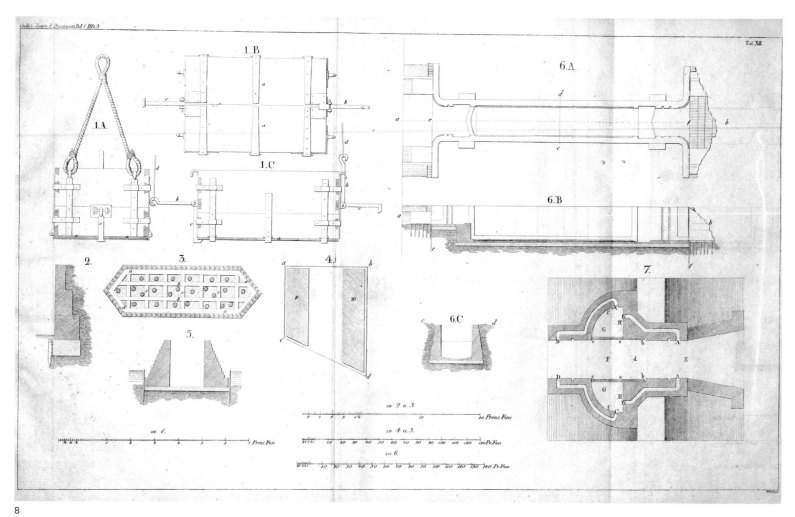

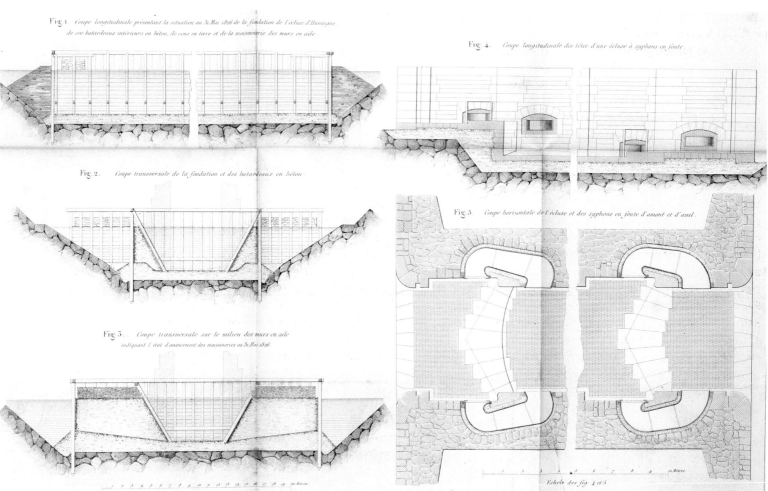

Fig. 1. Coupe longitudinale présentant la situation au 31 Mai 1826 de la fondation de l'écluse d'Hunigue, de ses batardeaux intérieurs en béton, de ceux en terre et de la maçonnerie des murs en aile.

Fig. 2. Coupe transversale de la fondation et des batardeaux en béton.

Fig. 3. Coupe transversale sur le milieu des murs en aile indiquant l'état d'avancement des maçonneries au 31 Mai 1826.

Fig. 4. Coupe longitudinale des têtes d'une écluse à syphons en fonte.

Fig. 5. Coupe horizontale de l'écluse et des syphons en fonte d'amont et d'aval.

Beim Bau großer Schleusen, aber auch bei Brückenbauten, hatte man im späten 18. Jahrhundert trotz sorgfältiger Anlage der umschließenden Kastenfangedämme oftmals gewaltige Probleme, die Baugrube trockenzulegen. Zum Beispiel gelang es in Saumur 1756 nicht, die Baugrube für das Widerlager einer neuen Loire-Brücke leerzupumpen, obwohl man Tag und Nacht mit über 500 Arbeitern daran arbeitete (*Louis-Alexandre de Cessart*, *Description des travaux hydrauliques,* Bd. I, 1806, S. 58). Um 1800 entwickelte sich für solche Aufgaben eine innovative Bautechnik mit Beton. Man brachte ihn auf der ganzen durch die Fangedämme umgebenen Fläche als hinreichend dicke Schicht aus, dichtete somit den Boden der Baugrube ab und konnte die Baustelle dann nach Erhärten der Sohldichtung („Béton-Tenne") trockenpumpen (Bild 8). So berichtete im ersten Jahrgang des von *August Ludwig Crelle* 1829 gegründeten *Journals für die Baukunst* ein gewisser Herr „Wasser-Bau-Inspector *Elsner* zu Coblenz" über verschiedene Anwendungen „des Béton-Mörtels zum Fundamentiren unter Wasser" im niederdeutschen Raum (S. 236–245). Mit etwas Befremden kommentiert *Elsner* zunächst *Belidor* am römischen Vorbild orientierten Beton: „Indessen habe ich niemals gesehen, daß man, nach *Belidor*, dünne Schichten Béton-Mörtel ins Wasser ließ, sie dann mit ziemlich großen Steinen besäete, darauf neue Schichten Béton-Mörtel senkte, und mit dem abermaligen Besäen von Steinen wechselweise fortfuhr; halte vielmehr die neuere Methode besser, die Steine auf dem Lande gleich mit dem Béton zu verbinden und durcheinander zu arbeiten." (S. 240). *Elsner* beschreibt die Errichtung einer Hafeneinfahrt in Köln im Jahre 1812 (Bild 8, Fig. 4 und 5): „Der innere Raum zwischen diesen Fangedämmen *abcd* wurde nunmehr mit Béton-Mörtel [...] mit der von *Belidor* beschriebenen Béton-Senkungsmaschine 3 Fuß hoch ausgefüllt und mit Stämpfern von oben gut gestoßen, damit die ohnehin nicht zu dicke Béton-Tenne so gleichförmig und dicht wie möglich werde. [...] Nachdem man die Béton-Tenne 3 Wochen hatte stehen lassen, fand man sie bei angestellten Versuchen bereits so hart, daß ohne Bedenken das Ausschöpfen des Wassers beginnen konnte. Die Tenne hielt während des Ausschöpfens ein Druckwasser von 15 Fuß auf die beträchtliche Fläche von 4266 Quadratfuß aus, ohne noch mit dem Gewicht der Seitenmauern belastet zu sein. Das Mauerwerk wurde nunmehr sofort angefangen und ungehindert bis über die Oberfläche des Wassers aufgeführt, wobei zur Fortschaffung des wenigen Wassers [...] zwei archimedische Schnecken und einige Pumpen hinreichten." (S. 242–243). Nicht immer lief allerdings der Schleusenbau so problemlos ab. Viele Beton-Sohlplatten waren undicht oder brachen unter dem Wasserdruck und der Auflast der Schleusenwände.

Probleme waren aber immer auch Anstoß zu weiteren Innovationen. So waren beim Bau einer Schleuse am Rhein im elsässischen Hüningen 1825 eigentlich konventionelle Fangedämme vorgesehen gewesen. Als man jedoch die Baugrube aushob, rutschte ein Teil der Böschung mit dem zuvor unentdeckt gebliebenen unterirdischen Rest einer alten Festungsmauer aus großen Steinblöcken in die Baugrube, sodass für die Anlage konventioneller Fangedämme kein ausreichender Platz mehr verblieb. Das Beseitigen der großen Steinquader aus der wassergefüllten Baugrube erwies sich als nahezu unmöglich. So ersetzte man die Kastenfangedämme durch eine ganz aus Beton bestehende Umschließung des inneren Baugrubenbereiches: „Man überlegte, [...] dass es möglich und sogar einfach sein würde, mithilfe einer innenseitig abgeböschten Betonwanne eine Baugrubenumschließung in Beton herzustellen, die nach Erfüllung ihrer Aufgabe als Fangedamm sodann Teil des Mauerwerks der Schleusenwände werden würde." (*Louis-Alexandre Beaudemoulin, Recherches théoriques et pratiques sur la fondation par immersion des ouvrages hydrauliques*, 1829, S. 12; Bild 9). Zur Herstellung der großen Betonmengen für seine Schleuse richtete der zuständige Ingenieur *Beaudemoulin* eine wohlorganisierte Feldfabrik ein, die aber im Gegensatz zu der Betonfabrik von Algier auf Maschineneinsatz gänzlich verzichtete. Beton und Mörtel wurden ausschließlich mithilfe einfacher Werkzeuge von Hand gemischt. Die Schleuse existiert bis heute.

Die selbstbewusste und streitbare Publikation *Beaudemoulins* rief in den Folgejahren noch zahlreiche andere französische Ingenieure auf den Plan, die vor allem in den *Annales des Ponts et Chaussées* über weitere

8 Unterwasserbeton im Einsatz für Fundamente von Kaimauern und Schleusen (Crelles *Journal für die Baukunst,* 1829). Fig. 4 und 5 zeigen Grundriss und Querschnitt einer auf Grundlage einer Betonplatte ausgeführten Hafeneinfahrt in Köln von 1812, Fig. 6 eine Schleuse am Rhein-Maas-Kanal von 1811.

9 Bau einer Schleuse mit Baugrubenumschließung aus Beton 1825 in Hüningen im Elsass (Beaudemoulin 1829)

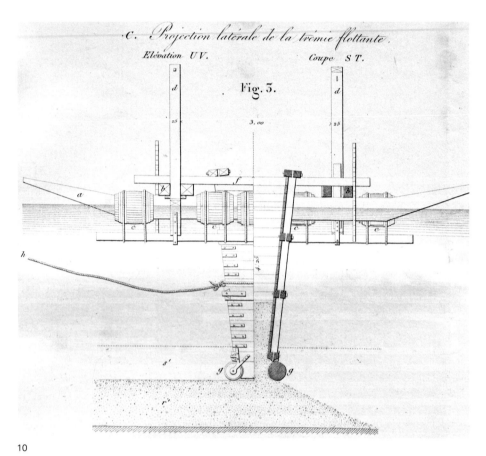

10

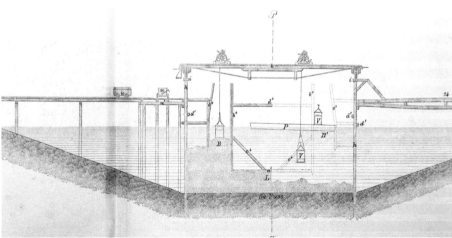

11

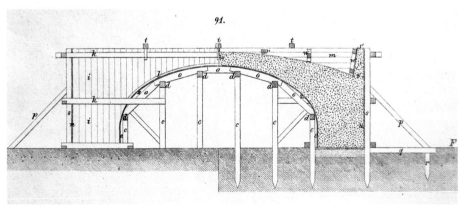

12

frühe Schleusenbauten mit Betonfundament berichteten. Unter anderem verteidigte ein Ingenieur *Magdelaine* seine schon 1812–1815 beim Bau einer Schleuse in Saint-Valery-sur-Somme angewandte Methode, den Beton nicht in einem Kübel nach Art *Bélidors*, sondern mit einem Trichter nach Art *Lorinis* einzubringen, gegen *Beaudemoulin*, der das Trichterverfahren ablehnte (Bild 10). In Italien baute man 1816 die Schleuse am südlichen Ende des Naviglio Pavese im Anschluss zum Ticino bei Pavia mit einer Sohlplatte aus Beton (*Carlo Parea, Memoria sul metodo tenuto nella condotta delle opere del Canale di Pavia*, in *Nuova raccolta d'autori Italiani che trattano del moto dell'acque* (Band IV, 1824, S. 462–482). Im Gegensatz zu den zeitgleichen französischen und deutschen Schleusenbauten wurde hier die Beton-Sohlplatte zusätzlich durch gerammte Holzpfähle unterstützt.

Der „unsichtbare Beton" taucht auf und wird sichtbar

Die erste Schleuse, die von Anfang an als komplett aus Beton bestehendes Bauwerk konzipiert und realisiert wurde, war wohl die Franz-Josephs-Schleuse an der Donau, am heutigen Dreiländereck Ungarn – Kroatien – Serbien auf serbischem Gebiet bei Bezdan gelegen (erbaut 1854). Diese Schleuse wurde als monolithischer Körper vollständig unter Wasser betoniert (Bild 11). Die Kenntnisse über hydraulischen Kalk waren inzwischen soweit gediehen, dass der leitende Ingenieur des Projektes, *Johann von Mihálik*, keinerlei Schwierigkeiten hatte, einen brauchbaren natürlichen hydraulischen Kalk in erreichbarer Entfernung (beim heutigen Novi Sad) zu identifizieren und in eigens errichteten Kalköfen auf der Baustelle brennen zu lassen. Die ausgeklügelte Baustellenplanung *Miháliks* griff auf die Vorbilder in Hüningen und Algier zurück, wobei auch *Mihálik* bei der Herstellung des Betons Handarbeit der maschinellen Mischung vorzog.

Mihálik war aber nicht nur der Erbauer der Franz-Josephs-Schleuse. In einer Monografie *Praktische Anleitung zum Béton-Bau für alle Zweige des Bauwesens* (1859) pries *Mihálik* den Beton vielmehr als zukunftsträchtiges Material für alle Arten von Ingenieurbauten im Wasser und – ausdrücklich – auch „an der Luft": Für Wohngebäude, Obelisken und andere Monumente, Straßen und auch Brücken schien *Mihálik* der Beton ein geradezu idealer Werkstoff zu sein. Er beließ es aber nicht nur bei Ideen, sondern setzte diese auch in experimentellen Bauwerken um. So entstand auf dem Baugelände der Franz-Josephs-Schleuse die erste Stampfbeton-Versuchsbrücke des deutschen Sprachraums (Bild 12). Die Probebrücke wurde auch belastet und erwies sich als überaus tragfähig. Mit dieser Brücke tritt der Beton aus der Unsichtbarkeit heraus. Die Probebrücke steht am Anfang einer großen, heute fast vergessenen Entwicklung.

In der zweiten Hälfte des 19. Jahrhunderts folgten *Miháliks* Probebrücke gerade in Deutschland Hunderte weiterer Bogenbrücken aus unbewehrtem Stampfbeton. So erlebte der ans Licht getretene Ingenieurwerkstoff eine erste Blüte, noch ehe dann um 1900 mit dem bewehrten Beton endgültig die Tür zur Ingenieurbaukunst des 20. Jahrhunderts aufgestoßen wurde. Viele Errungenschaften, die dem „Eisenbeton" schließlich geradezu in den Schoß fielen, hatten Generationen von Ingenieuren in mühsamem Probieren, aber auch mit gezielten wissenschaftlichen Untersuchungen über mehr als zwei Jahrhunderte mit dem „unsichtbaren Beton" der geschütteten Mauerkerne, Fundamente, Molen und Schleusen zuvor erarbeitet. Als abschließendes Beispiel, zu welchen Leistungen der Stampfbeton-Brückenbau fähig war, zeigt Bild 13 die von der Holzmindener Firma Bernhard Liebold 1903/04 errichtete Brücke über die Iller bei Lautrach, eine 59 Meter weit gespannte Brücke für eine Nebenbahn. Sie ist nicht nur ein Denkmal des Stampfbetonbrückenbaus, sondern auch eines der ältesten erhaltenen Beispiele einer Massivbrücke mit stählernen Gelenken. Dank ihrer sorgfältigen Konzeption und Ausführung – und nicht zuletzt dank des Fehlens jeglicher Bewehrung! – weist die Brücke an ihren tragenden Teilen bis heute keinerlei Schäden auf. Sie markiert als eindrucksvolles Monument den Endpunkt einer Entwicklung, die im späten 16. Jahrhundert mit *Lorinis calcistruccio* begonnen hatte.

Stefan M. Holzer

Zur weiteren Vertiefung

Die Zusammensetzung römischen Betons, die Herkunft der verschiedenen Puzzolane und die Konstruktion stadtrömischer Bauten aus Beton werden ausführlich behandelt in: Lynne C. Lancaster, *Concrete vaulted construction in Imperial Rome*, Cambridge 2005. Eine lebendige Erzählung der Geschichte der Wiederentdeckung der italienischen Puzzolane, deren Vermarktung und der Entwicklung der Wasserbaukunst im 18. Jahrhundert bietet das soeben erschienene Buch von Roberto Gargiani, *Concrete from archeology to invention* (1700–1769), Lausanne 2013. Unter Leitung des Autors des vorliegenden Beitrags wird an der Universität der Bundeswehr München derzeit ein Forschungsprojekt zum Thema *Stampfbeton-Bogenbrücken* (1835–1914) bearbeitet, in dem es um bautechnikgeschichtliche, aber auch denkmalpflegerische Aspekte dieser Bauwerke geht. Es ist geplant, die Erkenntnisse in einer Monografie zu veröffentlichen.

10 Unterwasser-Betonieren mit einem Trichter von Bord eines Pontons aus (Bau einer Schleuse in Saint-Valery-sur-Somme 1812, *Annales des Ponts et Chaussées* 1832). Die gusseisernen Walzen am unteren Ende des Betoniertrichters sollen den Beton verdichten.
11 Bau der ersten komplett aus Beton bestehenden Schleuse durch Johann von Mihálik (1854)
12 Miháliks Versuchsbrücke aus Stampfbeton (1854)
13 Ein Wahrzeichen des Stampfbetonbrückenbaus: Illerbrücke Lautrach (1903/04)

13

AUTOREN

Angelmaier, Volkhard geb. 1959; Studium des Bauingenieurwesens an der Universität Stuttgart; 1987–1990 Projektingenieur / -leiter Ed. Züblin AG; seit 1990 Leonhardt, Andrä und Partner; seit 2005 Prüfingenieur für Baustatik, Massivbau, seit 2006 Metallbau; seit 2007 EBA-Sachverständiger für bautechnische Prüfungen Massivbau, seit 2008 Stahlbau; 2008 Deutscher Brückenbaupreis; seit 2013 Vorstand der LAP AG, zuständig für den Inlandsbereich (Brücken) und für Sonderkonstruktionen.

Aukschun, Karl-Heinz geb. 1956; Studium des Bauingenieurwesens an der TU Berlin; 1984–1985 Tiefbauamt Berlin-Charlottenburg, 1985–1988 Wissenschaftlicher Mitarbeiter im Fachgebiet Straßenplanung und Straßenverkehrstechnik / TU Berlin; 1988–1992 Senatsverwaltung für Verkehr und Betriebe in Berlin; seit 1992 Projektleiter Straßenbauvorhaben und City-Tunnel Leipzig bei DEGES Deutsche Einheit Fernstraßenplanungs- und -bau GmbH.

Bartzsch, Matthias geb. 1973; Dr.-Ing.; 1994–2000 Studium des Bauingenieurwesens an der TU Dresden und der KTH Stockholm; 2001–2006 Wissenschaftlicher Mitarbeiter am Institut für Statik und Dynamik der Tragwerke der TU Dresden; 2006 Promotion; Mitarbeiter in der GMG Ingenieurgesellschaft Dresden.

Bögle, Annette geb. 1968; Prof. Dr.-Ing.; 1988–1994 Studium des Bauingenieurwesens an der Universität Stuttgart; 1994–1995 Ingenieurin bei Boll und Partner, Stuttgart; 1995–2001 Wissenschaftliche Mitarbeiterin, Institut für Konstruktion und Entwurf II, Universität Stuttgart; 1997–2004 Lehrauftrag für Baukonstruktion an der Staatlichen Akademie der Künste, Stuttgart; 2001–2004 Kuratorin der Ausstellung „leicht weit – Light Structures", DAM Frankfurt; 2004 Promotion bei Jörg Schlaich; 2004–2011 Wissenschaftliche Assistentin, Fachgebiet Massivbau, TU Berlin; seit 2011 Professorin an der HCU Hamburg.

Bollinger, Klaus geb. 1952; Prof. Dr.-Ing.; Studium des Bauingenieurwesens der TU Darmstadt; 1983 Gründung des Büros Bollinger + Grohmann Ingenieure mit seinem Partner Manfred Grohmann; 1984 Promotion an der Universität Dortmund; 1984–1994 Lehraufträge an der Universität Dortmund und Städelschule Frankfurt; seit 1994 Professur für Tragkonstruktion am Fachbereich Architektur an der Universität für angewandte Kunst in Wien.

Casper, Hans-Joachim geb. 1952; Studium des Bauingenieurwesens an der Universität Karlsruhe; seit 1980 Projektleiter und später Gruppenleiter im Ingenieurbüro SSF Ingenieure AG.

Curbach, Manfred geb. 1956; Prof. Dr.-Ing. Dr.-Ing. E.h.; 1977–1982 Studium „Konstruktiver Ingenieurbau" an der Universität Dortmund; 1982–1983 Wissenschaftlicher Angestellter an der Universität Dortmund; 1984–1988 Wissenschaftlicher Angestellter an der Universität Karlsruhe; 1987 Promotion; 1988–1994 Projektleiter im Ingenieurbüro Köhler + Seitz, 1994–2004 Partner; seit 1994 Universitäts-Professor und Inhaber des Lehrstuhls für Massivbau der TU Dresden; 1999–2011 Sprecher des Sonderforschungsbereiches 528 „Textile Bewehrungen zur bautechnischen Verstärkung und Instandsetzung"; seit 2011 Sprecher des Schwerpunktprogramms SPP Leicht Bauen 1542; seit 2013 Sprecher des BMBF Konsortiums „C^3 – Carbon Concrete Composite".

Dietz, Matthias geb. 1957; 1976–1982 Studium der Architektur an der TU München; 1982–1986 Mitarbeit im Büro v. Werz, Prof. Ottow, Bachmann, Marx, München u. a. Projektleiter Deutsches Herzzentrum Berlin; seit 1987 freier Architekt in Bamberg; Partnerschaft mit Dipl.-Ing. Georg Dietz, Arch. BDA (bis 1996); ab 1997 mit Dr.-Ing. Birgit Dietz; 2007–2008 Lehrbeauftragter an der Universität Coburg Baukonstruktion III.

Engelsmann, Stephan geb. 1964; Prof. Dr.-Ing.; 1986–1991 Studium des Bauingenieurwesens an der TU München; 1991–1993 Projektingenieur im Ingenieurbüro Dr. Kupfer, München; 1993–1998 Wiss. Assistent bei Prof. Dr.-Ing. Jörg Schlaich und Prof. Dr.-Ing. Kurt Schäfer, Universität Stuttgart; 1998–1999 Master-Studium der Architektur an der University of Bath; 1999–2007 Tätigkeit bei Werner Sobek, Stuttgart; seit 2002 Professor für Konstruktives Entwerfen und Tragwerkslehre; 2005–2008 Leiter des Weißenhof-Institutes für Architektur, Innenarchitektur und Produktgestaltung; 2007–2010 Prorektor an der Staatl. Akademie der Bildenden Künste Stuttgart; seit 2006 Engelsmann Peters Beratende Ingenieure GmbH, Stuttgart; seit 2007 Vizepräsident der Ingenieurkammer Baden-Württemberg.

Fahlbusch, Mark geb. 1970; Prof. Dr.-Ing; Studium des Bauingenieurwesens an der TU Darmstadt; 1999–2000 Mitarbeiter bei Mero GmbH; 2000–2005 Wissenschaftlicher Mitarbeiter und 2007 Promotion an der TU Darmstadt; seit 2005 Mitarbeiter bei Bollinger + Grohmann; seit 2010 Lehrauftrag an der Städelschule, Frankfurt; seit 2011 Partner bei Bollinger + Grohmann; seit 2014 Professur für Tragwerkslehre, Baukonstruktion und Entwerfen an der Fachhochschule Wiesbaden.

Geißler, Karsten geb. 1966; Prof. Dr.-Ing.; Studium des Bauingenieurwesens und wissenschaftlicher Mitarbeiter an der TU Dresden; 1996 Promotion; seit 1995 Geschäftsführer (Gründungspartner) der GMG Ingenieurgesellschaft; seit 2002 Prüfingenieur für Baustatik Fachgebiete Metallbau und Massivbau und Prüfingenieur des Eisenbahn-Bundesamtes; seit 2005 Professor für Stahlbau der TU Berlin.

Grohmann, Manfred geb. 1953; Prof. Dipl.-Ing.; Studium des Bauingenieurwesens der TU Darmstadt; 1983 Gründung des Büros Bollinger + Grohmann Ingenieure mit seinem Partner Klaus Bollinger; seit 1995 Lehraufträge an der TU Darmstadt, Städelschule Frankfurt und ESA – École d'Architecture, Paris; seit 1996 Professor für Tragwerkskonstruktion am Fachbereich Architektur der Universität Gesamthochschule Kassel.

Helbig, Thorsten geb. 1967; 1990–1994 Studium des Bauingenieurwesens; 1994–2001 schlaich bergermann und partner, Stuttgart; Tragwerksplaner und Gründungspartner und geschäftsführender Gesellschafter von Knippers Helbig Stuttgart (2001), New York (2008) und Berlin (2013).

Holzer, Stefan M. geb. 1963; Prof. Dr.-Ing.; 1982–1987 Studium des Bauingenieurwesens; 1987–1992 Wissenschaftlicher Mitarbeiter; 1992 Promotion an der TU München; 1993 zwölfmonatiges Forschungsstipendium (DFG) als PostDoc an der Washington University, St. Louis, Missouri, USA; 1994–1995 Statiker Hochtief AG, Frankfurt/Main; 1995–2001 Professor für Informationsverarbeitung im Konstruktiven Ingenieurbau an der Universität Stuttgart; seit 2001 Professor für Ingenieurmathematik und Ingenieurinformatik an der Universität der Bundeswehr München; seit 2001 Forschungsarbeiten zur Untersuchung und Standsicherheitsbeurteilung historischer Tragwerke.

Irngartinger, Andreas geb. 1973; Studium des Bauingenieurwesens an der TU Darmstadt; 1999–2007 BÜ und Projektleiter Deutsche Bahn Konzern; seit 2007 Bereichsleiter City-Tunnel Leipzig und Straßenbauvorhaben Sachsen bei DEGES Deutsche Einheit Fernstraßenplanungs- und -bau GmbH.

Jaeger, Falk Prof. Dr.-Ing.; Studium Architektur und Kunstgeschichte in Braunschweig, Stuttgart und Tübingen; 1983–1988 Wissenschaftlicher Mitarbeiter am Institut für Architektur und Stadtgeschichte der TU Berlin; 1993–2000 Hochschuldozent am Lehrstuhl für Architekturtheorie der TU Dresden; Lehraufträge an verschiedenen Hochschulen; seit 1976 Architekturkritiker für Tages- und Fachpresse, Hörfunk und Fernsehen mit Beiträgen zu Themen der Gegenwartsarchitektur, Baugeschichte, Denkmalpflege und des Ingenieurbaus; lebt als Freier Journalist, Kurator und Publizist in Berlin.

Kahnt, Alexander geb. 1982; Dipl.-Ing. (FH); 2003–2008 Architekturstudium in Leipzig; 2009–2013 Wissenschaftlicher Mitarbeiter und Projektleiter der Forschungsgruppe energiedesign am Architekturinstitut der HTWK Leipzig; seit 2009 Doktorand am Institut für Bauklimatik der TU Dresden; seit 2014 Wissenschaftlicher Mitarbeiter am Institut für Massivbau der TU Dresden in der Forschungsgruppe Carbonbeton.

Kurrer, Karl-Eugen geb. 1952; Dr.-Ing.; Studium des Bauingenieurwesens in Stuttgart und Berlin; 1986 Promotion; 1989–1995 Ingenieur bei Telefunken Sendertechnik; seit 1996 Chefredakteur der Zeitschrift *Stahlbau* und seit 2007 Chefredakteur der Zeitschrift *Steel Construction – Design and Research* im Verlag Ernst & Sohn; Autor der „Geschichte der Baustatik"; Leiter des Arbeitskreises Technikgeschichte im VDI Berlin-Brandenburg.

Liebig, Henning geb. 1968; 1991–1995 Studium Konstruktiver Wasserbau in Suderburg (FH Nordost-Niedersachsen); 2000–2004 Projektmanager Flughafenausbau HAM21 in Hamburg; 2004–2005 Allianz-Arena München, Bauoberleitung Infrastruktur; seit 2005 Senior Projektmanager HafenCity Hamburg GmbH.

Nietschke, Reinhard geb. 1963; Studium Bauingenieurwesen FH Stuttgart, Projektleitung, Statik, Leiter techn. Büro IBB Bönnigheim; bis 2002 eigenes Ingenieurbüro für Beratung, Projektentwicklung und Ausführung im Stahlbau; seit 2003 tätig in der Schweiz, Verkauf und Projektverantwortung im Stahlbau, u. a. One Hyde Park London, Bushofdach Aarau.

Nowak, Susanne geb. 1966, M.A.; Studium der Germanistik, Politikwissenschaften und Theater-, Film- und Fernsehwissenschaften an der J.W. Goethe Universität Frankfurt; 1997–2000 Pressearbeit Pandora Film; 2001–2002 Presse- und Öffentlichkeitsarbeit bei AS&P – Albert Speer + Partner GmbH; seit 2002 Presse- und Öffentlichkeitsarbeit bei Bollinger + Grohmann.

Peters, Stefan geb. 1972; Prof. Dr.-Ing.; 1992–1998 Studium des Bauingenieurwesens an der Universität Stuttgart; 1998–2000 Projektingenieur im Ingenieurbüro Prof. Kirsch, Stuttgart; 2001–2002 Projektingenieur bei Werner Sobek, Stuttgart; 2000–2006 Wissenschaftlicher Assistent bei Prof. Dr.-Ing. Jan Knippers und Prof. Dr.-Ing. Günter Eisenbiegler, Universität Stuttgart; seit 2006 Engelsmann Peters Beratende Ingenieure GmbH, Stuttgart; seit 2010 Professor für Tragwerksentwurf an der TU Graz; seit 2013 Dekan der Fakultät Architektur der TU Graz.

Pfanner, Daniel geb. 1972; Dr.-Ing.; Studium des Bauingenieurwesens an der TU Darmstadt; 1997–1999 Mitarbeiter bei Philipp Holzmann AG; 2002 Promotion an der Ruhr-Universität Bochum; 2003–2008 Mitarbeiter bei Bollinger + Grohmann; 2008–2010 Mitarbeiter bei Bilfinger Berger; seit 2010 Leiter der Fassadenplanung bei Bollinger + Grohmann; seit 2011 Partner und seit 2013 Geschäftsführer der Bollinger + Grohmann Consulting GmbH.

Schladitz, Frank geb. 1977; Dr.-Ing.; 1997–2002 Studium des Bauingenieurwesens in Leipzig; 2002–2007 Tätigkeit im Ingenieurbüro Leonhardt, Andrä und Partner; seit 2007 Wissenschaftlicher Mitarbeiter am Institut für Massivbau der TU Dresden; 2009–2011 Promotion; 2012–2014 Leiter der Forschungsgruppe Textilbeton der TU Dresden; seit 2013 Abteilungsgeschäftsführer der Fachabteilung CC TUDALIT des Carbon Composites e.V.; seit 2014 Leiter der Forschungsgruppe Carbonbeton an der TU Dresden und Geschäftsführer des Konsortiums „C³ – Carbon Concrete Composite".

Schlaich, Mike geb. 1960; Prof. Dr. sc. techn.; 1979–1985 Studium des Bauingenieurwesens an der Universität Stuttgart und der ETH Zürich; 1985–1989 Assistent am Lehrstuhl für Baustatik und Konstruktion der ETH Zürich, Promotion; 1990–1993 Ingenieur bei FHECOR, Madrid, Spanien; seit 1993 bei schlaich bergermann und partner; seit 2002 geschäftsführender Gesellschafter; seit 2004 o. Professor am Lehrstuhl für Entwerfen und Konstruieren, Institut für Bauingenieurwesen, TU Berlin.

Schmachtenberg, Richard geb. 1958; 1979–1985 Studium Allgemeiner Maschinenbau/Konstruktionstechnik an der Universität Kaiserslautern; 1985–1996 Mannesmann DEMAG Baumaschinen; seit 1997 Wasser- und Schifffahrtsverwaltung des Bundes.

Schmid, Gerd geb. 1959; Architekturstudium an der Universität Stuttgart; 1988 Projektarchitekt bei PFP München; 1989–1991 Forschung zu Photovoltaik auf leichten Flächentragwerken; 1989–1993 Entwurfsarchitekt bei SIB; 1994–1999 Projektleitung bei IPL; 1999–2004 Geschäftsführer von IPL; 2004 Co-Gründer und Geschäftsführender Gesellschafter von formTL; 2008–2013 Dozent an der FH Frankfurt am Main; 2013–2014 Dozent an der Hochschule für Architektur in Biberach.

Schöne, Lutz geb. 1966; Dr.-Ing.; 1988–1994 Studium des Bauingenieurwesens an der Universität Stuttgart; 1994–1999 Wissenschaftlicher Mitarbeiter am Lehrstuhl Bautechnikgeschichte der BTU Cottbus; 1999–2004 Gesellschafter smp, Berlin/Cottbus; 2004–2007 Technischer Leiter covertex GmbH; seit 2007 Gesellschafter und Geschäftsführer des Ingenieurbüros LEICHT mit Standorten in Rosenheim und München; 2010 Promotion an der Universität der Künste Berlin; 2010 Bestellung zum Sachverständigen für Membrankonstruktionen der IHK München und Oberbayern; seit 2011 Président des Ingenieurbüros LEICHT France in Nantes (F).

Strobl, Wolfgang geb. 12.12.1961; Studium des Bauingenieurwesens an der Universität Graz; 2000–2007 Gruppenleiter im Ingenieurbüro Leonhardt, Andrä und Partner; seit 2007 Abteilungsleiter bei Schüßler-Plan im konstruktiven Bereich.

Trumpf, Heiko geb. 1971; Dr.-Ing.; 1991–1997 Studium des Bauingenieurwesens an der Universität Hannover; 1999–2006 Wissenschaftlicher Mitarbeiter und Lehrbeauftragter an der RWTH Aachen und der Universität Stuttgart; 2006 Promotion am Lehrstuhl für Stahlbau und Leichtmetallbau an der RWTH Aachen; 2006–2012 Prokurist bei Werner Sobek GmbH; seit 2012 Group Director für Tragwerksplanung Buro Happold.

Weininger, Florian geb. 1976; 1997–2004 Studium des Bauingenieurwesens an der TU München; 2005–2007 Projektingenieur covertex GmbH; 2007–2011 Wissenschaftlicher Mitarbeiter und Lehrbeauftragter an der Hochschule München; 2007 Gründung des Ingenieurbüros LEICHT mit Standorten in Rosenheim, München und Nantes (F), Gesellschafter mit Vollprokura und Leiter des Büros München; 2010 Gründung des Ingenieurbüros LEICHT Physics GmbH.

Wernik, Siegfried geb. 1953; 1972–1978 Architekturstudium RWTH Aachen; 1979–1990 Stirling, Wilford & Associates, Stuttgart/Berlin/London, Associate; 1991–1994 selbstständig; seit 1994 Zusammenarbeit mit Hilde Léon und Konrad Wohlhage; seit 1997 LÉON WOHLHAGE WERNIK, Architekten; seit 2011 Vorsitzender des buildingSMART e.V.

Wessel, Karsten geb. 1962; 1981–1988 Studium der Landschaftsplanung an der TU Berlin; 1987 angestellt im Büro für Landschaftsarchitektur Hans-Peter Flechner, Berlin; 1992 Eintragung als „Landschaftsarchitekt"; 1996 Koordinator für die öffentliche Erschließung bei der Wasserstadt GmbH, Berlin; 2007–2013 Projektkoordinator „Stadt im Klimawandel" bei der Internationalen Bauausstellung IBA Hamburg; seit 2014 freiberuflicher Klimaschutzmanager in Berlin.

BILDVERZEICHNIS

Titelbild Shenzhen Baoan International Airport / China,
Foto: Leonardo Finotti

Charaktervolle Konstruktionen – Vier WM-Stadien in Brasilien
S. 8/9: Stuart Franklin – FIFA/FIFA via Getty Images; Bilder 1, 3–9,
12, 13, 16, 18–20, 22, 23, S. 24/25: Marcus Bredt; Bild 2: Werner
Sobek; Bilder 10, 11, 14, 15, 17, 21: schlaich bergermann und partner.

Nutzungsvielfalt und Nachhaltigkeit – Die Baakenhafenbrücke in der HafenCity Hamburg
S. 26/27, Bilder 6–8, 11, 12: ELBE&FLUT; Bilder 1, 3, 9: BuroHappold;
Bilder 2, 4, 5, 10, S. 34/35: Wilfried Dechau.

Avancierter Ingenieurbau als Träger einer Botschaft – Der Porsche-Pavillon in der Autostadt in Wolfsburg
S. 36/37, Bild 7 und S. 42/43: HG Esch; Bilder 1–4: Henn;
Bilder 5, 6, 8, 9: schlaich bergermann und partner.

Einfachheit und Komplexität – Louvre Lens
S. 44/45, Bilder 3, 4: © Hisao Suzuki; Bilder 1, 2: © SANAA;
Bilder 5, 6, 7, 8, 9: © Bollinger + Grohmann; Bild 10: © Iwan Baan.

Kriegsruine wird regeneratives Kraftwerk – Der Energiebunker in Hamburg
S. 52/53, Bilder 1, 3–9: IBA Hamburg GmbH / Martin Kunze;
Bild 2: IBA Hamburg / www.luftbilder.de.

Ein Luftfahrtterminal für das junge China – Shenzhen International Airport Terminal 3
S. 60/61: Knippers Helbig; Bilder 1, 3, 5, 6, 8: Archivio Fuksas;
Bilder 2, 4, 7, 9, 10, 12: KnippersHelbig; Bild 11: Leonardo Finotti.

Eine Wolke aus Stahl, Folie und Luft – Das Bushofdach Aarau
S. 70/71, Bilder 2, 3, 5; S. 82/83: Niklaus Spoerri, Zürich;
Bilder 1, 4: formTL.

Leistungsfähige Verkehrsader unter der Messestadt – Der City-Tunnel Leipzig
S. 80/81, Bilder 3–6: DB AG / Martin Jehnichen;
Bilder 1, 2, 7: Freistaat Sachsen.

Graziles Leichtgewicht – Erbasteg, Landesgartenschau Bamberg
S. 88, Bilder 1–5, 8, S. 94/95: Wilfried Dechau; Bilder 6, 7: Architekturbüro Matthias Dietz; Bild 9: H. Hoffmann; Bild 10: Grad Ingenieure;
Bild 11: R. Rinklef.

Eine Brücke im Wandel der Zeiten – Eisenbahnhochbrücke Rendsburg
S. 96/97: Erich Thiesen; Bilder 1, 2, 4, 6, 8, 9, 10: GMG Ingenieurgesellschaft; Bild 3: Dietrich Habbe Bild 5: Bernd Kramarczik
(www.structurae.de), Bilder 7, 11: WSA Kiel-Holtenau.

Architektonisch begeisternd und wirtschaftlich vernünftig – Die Brücke über die IJssel
S. 104/105, Bilder 1, 3, 4, 6, 7: SSF Ingenieure AG / Florian Schreiber
Fotografie; Bilder 2, 5: SSF Ingenieure AG.

Innovation neben Tradition – Neubau der Waschmühltalbrücke Kaiserslautern
S. 112, 3–8, 11–14, 16, 17, 19, 20: René Legrand; Bild 1: Landesbetrieb Mobilität Kaiserslautern; Bild 2: LAP/AV1;
Bilder 9, 10, 15, 18: LAP.

Flügelartige Bauwerke in Monocoque-Bauweise – Die Überdachung des ZOB Schwäbisch Hall
S. 120/121, Bilder 1, 2, 4, 6, S. 126/127: Roland Halbe Fotografie;
Bilder 3, 5: Engelsmann Peters Beratende Ingenieure GmbH Stuttgart.

Der Bahnhof in den Docks – Die Fassade der Canary Wharf Crossrail Station in London
S. 128/129, Bilder 2, 5, 8, 9, 14: LEICHT Structural engineering and
specialist consulting GmbH; Bild 1: Adamson Associates International Ltd; Bild 3: Foster + Partners; Bilder 4, 10–12: se-austria
GmbH & Co. KG; Bilder 6, 7, 13: Nigel Young / Foster + Partners.

Begehbare Holzskulptur – Die Spannbandbrücke in Tirschenreuth
Alle Fotos: Hanns Joosten, Bild 1: Schüßler-Plan.

Tragwerks- und Fassadenplanung aus einer Hand – Die King Fahad Nationalbibliothek in Riad
S. 144/145, Bilder 2, 3, 7–9, S. 151: © Gerber Architekten,
Foto: Christian Richters; Bild 1: Arriyadh Development Authority;
Bilder 4, 6, 10: © Bollinger + Grohmann; Bild 5: © Wacker Ingenieure.

Stählerner Fittich – Die Überdachung der Ausfahrt vor dem KundenCenter der Autostadt in Wolfsburg
S. 152/153 und S. 158/159: Tobias Hein; Bilder 1–8: schlaich
bergermann und partner.

Jörg Schlaich und die Stuttgarter Schule des Konstruktiven Ingenieurbaus
S. 160: Roland Halbe; Bild 1: Amin Akhtar; Bild 2, 4: Universitätsarchiv Stuttgart; Bild 3: Kurrer (1997) S. 16, 17 u. 46;
Bild 5: saai | Südwestdeutsches Archiv für Architektur und
Ingenieurbau; Bild 6, 8, 12: schlaich bergermann und partner;
Bild 7: Mörsch (1922) S. 34; Bild 9: Schaechterle (1938) S. 311;
Bild 10: Kurrer (2004) S. 304; Bild 11 a, c: schlaich bergermann und
partner; Bild 11 b: TU Berlin.

Revolution im Bauwesen – Carbon Concrete Composite
Bild 1: HTWK Leipzig; Bilder 2–9, 11: TU Dresden;
Bild 10: Ingelore Gaitzsch.

Building Information Modeling oder die „Digitalisierung der Wertschöpfungskette Bau"
Bild 1: Autodesk.

Unsichtbarer Beton – Bemerkungen zur 400-jährigen Geschichte eines Ingenieurwerkstoffs
Alle Reproduktionen sowie Fotos: Stefan M. Holzer.

IMPRESSUM

Herausgeber
Bundesingenieurkammer
Charlottenstr. 4
10969 Berlin

Beirat
Prof. Annette Bögle, HCU Hamburg
Prof. Werner Lorenz, BTU Cottbus
Dr. Karl H. Schwinn, ehemals Bundesingenieurkammer
Prof. Viktor Sigrist, TU Hamburg-Harburg
Prof. Werner Sobek, Universität Stuttgart
Rainer Ueckert, Bundesingenieurkammer

Redaktion
Verlag Ernst & Sohn, Berlin

Bibliografische Information der Deutschen Nationalbibliothek
Die Deutsche Nationalbibliothek verzeichnet diese Publikation in
der Deutschen Nationalbibliografie;
detaillierte bibliografische Daten sind im Internet über
http://dnb.d-nb.de abrufbar.

© 2015 Wilhelm Ernst & Sohn
Verlag für Architektur und technische Wissenschaften GmbH & Co. KG,
Rotherstraße 21, 10245 Berlin, Germany

Alle Rechte, insbesondere die der Übersetzung in andere Sprachen,
vorbehalten. Kein Teil dieses Buches darf ohne schriftliche
Genehmigung des Verlages in irgendeiner Form – durch Fotokopie,
Mikrofilm oder irgendein anderes Verfahren – reproduziert oder in eine
von Maschinen, insbesondere von Datenverarbeitungsmaschinen,
verwendbare Sprache übertragen oder übersetzt werden.

All rights reserved (including those of translation into other languages).
No part of this book may be reproduced in any form – by photoprinting,
microfilm, or any other means – nor transmitted or translated into a
machine language without written permission from the publisher.

Die Wiedergabe von Warenbezeichnungen, Handelsnamen oder
sonstigen Kennzeichen in diesem Buch berechtigt nicht zu der
Annahme, daß diese von jedermann frei benutzt werden dürfen.
Vielmehr kann es sich auch dann um eingetragene Warenzeichen
oder sonstige gesetzlich geschützte Kennzeichen handeln, wenn
sie als solche nicht eigens markiert sind.

Grafikdesign Sophie Bleifuß, Berlin
Herstellung HillerMedien, Berlin
Druck Medialis, Berlin
Bindung Stein + Lehmann GmbH, Berlin

Printed in the Federal Republic of Germany.
Gedruckt auf säurefreiem Papier.

ISBN 978-3-433-03096-7